数  算

[美] 者

张远南　　　冯惠英 译

U0220973

上海科技教育出版社

图书在版编目(CIP)数据

数学百宝箱/(美)西奥妮·帕帕斯著;张远南,张昶,冯惠英译.—上海:上海科技教育出版社,2023.2(2024.6重印)
(数学桥丛书)
书名原文:More Joy of Mathematics
ISBN 978-7-5428-7609-6

Ⅰ.①数… Ⅱ.①西… ②张… ③张… ④冯…
Ⅲ.①数学—普及读物 Ⅳ.①O1-49

中国版本图书馆CIP数据核字(2021)第235438号

责任编辑　卢　源
封面设计　杨　静

数学桥丛书

数学百宝箱

[美]西奥妮·帕帕斯　著

张远南　张　昶　冯惠英　译

出版发行	上海科技教育出版社有限公司	
	(上海市闵行区号景路159弄A座8楼　邮政编码201101)	
网　　址	www.sste.com　　www.ewen.co	
经　　销	各地新华书店	
印　　刷	启东市人民印刷有限公司	
开　　本	720×1000　1/16	
印　　张	22.25	
版　　次	2023年2月第1版	
印　　次	2024年6月第2次印刷	
书　　号	ISBN 978-7-5428-7609-6/N·1137	
图　　字	09-2020-661号	
定　　价	70.00元	

前言

数学不仅仅是计算、解方程、证明定理，不仅仅是做代数、几何或微积分题，也不仅仅是一种思维方式，数学还可以是雪花的图案、棕榈叶的曲线、建筑物的形状，是游戏、解谜，抑或是海浪的峰谷、蜘蛛网的螺旋。数学既古老又新颖，它与宇宙间的一切事物密切相关。

在外行人的眼中，数学就是一些冷僻、生涩的数字、想法和概念。然而，当数学被看作一种拼贴艺术时，它的创造力和美感就显现出来了。我希望你隔开一些距离，用开放的视野和头脑来审视数学。每当你发现一件数学宝藏，你就会更加深切地意识到数学的美。我希望你会惊叹于本书所呈现的无比奇妙的数学世界，并体验其中的快乐。

本书和《数学万花筒》一样，各个主题仅仅提供了一些有趣的想法、概念、谜题、趣闻、游戏等概况。我希望它们能激起你的好奇心，去寻找和探索更多有意思的信息。

目 录

研究海浪的数学

　　大海的波浪,其壮丽的造型似乎是一种人性的创造。你见它时而隆起,时而翻滚,时而拍击着海岸……多少世纪以来,人们创建了复杂的数学方程来描述它的性质和形态。为了了解和探索其数学内涵,并解析那多变的形状、大小、构成和特性,我们有必要看看波的基本形态。

　　观察两个人,他们通过摆动绳子来产生波。波看起来是沿着绳子传播的,但绳子并没有向任何一个人运动。在两人之间传递的是能量,波就是这样一种通过媒介传递能量的运动。在本例中,媒介是绳子。媒介还可以是水(海浪)、大地(地震波)、电磁场(无线电波)、空气(声波),等等。当媒介受到某种方式的扰乱或搅动,波就产生了。

　　海浪是水(媒介)受到扰动而产生的,这种扰动起源于风或地震,或某种物体(如船)的运动,或日月的引力(引发潮汐)。海浪在水的表面传播。当多个扰动复合时,它那起伏的形状就显得多少有点随意。

　　19世纪初,出现了许多对海浪的数学方面的研究,对大海的观察及实验室中的模拟控制实验帮助科学家们获得了有趣的结论。1802年,捷克斯洛伐克的格特纳用公式建立了最初的波的理论。他通过观察,记录了波浪中水滴的循环运动。在波峰处的水滴,其运动方向与波浪一致;在波谷处的水滴,其运动方向与波浪恰好相反。在水面处的每一个水滴,在它返回原先位置之前,都在一个圆形的轨道上运动。人们发现,这个圆的直径等于波高。深处的水滴也沿着圆形轨道运动,但位置越深的水滴形成的圆越小。事实上,人们发现,位于波长 $\frac{1}{9}$ 深度处的水滴,其圆形轨道的直径差不多只有表面水滴圆形轨道直径的一半。

由于波浪是由那些做圆周运动的水滴组成的,而正弦曲线和摆线也依赖于转动的圆,因此使用这些曲线及其数学方程来描述海浪也就不足为奇了。然而人们发现,海浪并不是严格的正弦曲线或其他单纯性的数学曲线。水的深度、风的强度、潮汐的变化等,在描述海浪时都应加以考虑。今天,人们还用概率论和统计数学对海浪加以研究。通过对大量小波浪的观测,从中收集资料,并形成观测海浪的公式[①]。

海浪还有其他一些有趣的数学性质:

(1) 波长依赖于波的周期;

(2) 波高不依赖于波的周期和波长(实际上有不少属性都不受波的周期和波长的影响);

---

① 有关波的一些术语

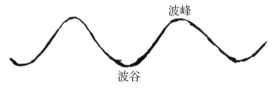

波峰:波的最高点。

波谷:波的最低点。

波高:从波峰到波谷的垂直距离。

波长:两个相邻波峰之间的水平距离。

波的周期:波峰传播一个波长所用的时间(秒)。

正弦曲线:形如下图的曲线,它是一个周期性(有规律地重复同一形状)的三角函数图像。

摆线:当一个圆沿一条直线滚动时,圆上的一个点所走过的路线(形如下图的曲线)。

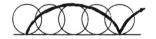

——译注

（3）当波峰处的开角超过120°时,波就会破裂,波一旦破裂,其大部分能量也随之损耗;

（4）另一个会导致波破裂的因素是波高与波长的比例,当两者的比值大于1/7时,波便破裂了。

超立方体的展开

一个立方体能以三维透视图的方式画在一张纸上。下图呈现了一种在二维平面上展开一个立方体的方法。

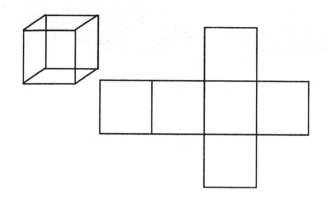

超立方体是立方体的四维类似物。现在让我们用类似的方法,把一个超立方体在三维空间中加以展开。下图表明,一个超立方体是由8个立方体、16个顶点、24个正方形和32条边构成。

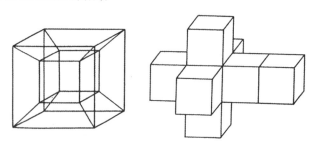

七巧板

19世纪最流行的益智游戏之一就是中国的七巧板。七巧板的流行大概是由于它结构简单、操作容易。你可以用七巧板随意地拼出各种图样,但如果你想用七巧板拼出特定的图案,那就会遇到真正的挑战。因为它那简单的结构,很容易使人误认为要解决七巧板问题也很容易。用七巧板能拼出的图案超过1600种,其中有些容易拼出,另一些却相当诡秘,还有一些则出人意料。

| 小船 | 老人 | 猫 | 骆驼 |

谁能想到七巧板居然会跟拿破仑皇帝、约翰·昆西·亚当斯总统、插画家多雷、诗人爱伦·坡以及数学家刘易斯·卡罗尔等人产生联系?实际上,他们全都是七巧板的狂热爱好者。

虽说摆弄七巧板由来已久,但最早提到七巧板的文字记载是1813年的一本中文书。该书约写于清朝嘉庆年间(1796—1820)。关于七巧板的英文名称"Tangram"的来历有许多说法:

(1)它来自被废弃的英文单词"trangram",意即奇形怪状的小玩意儿;

（2）它来自单词Tang（指中国的唐朝）加上后缀gram（来自希腊文，意为作品）；

（3）它来自俚语"tanka"，即疍家，是指中国广东、广西、福建一带的沿海船民。他们在运输服务之外还提供食物、洗衣服务，甚至提供一些娱乐方面的招待，其中就有这种由七块薄板组成的中国谜题。"Tangram"大约是从"tanka game"（疍家的游戏）演化而来的。

以上说法似乎都有一定的道理。

劳埃德设计的"印第安夫妇"

在各种说法中，最有趣的大概是美国著名趣题专家萨姆·劳埃德（Sam Loyd）的解释，出自他的《关于七巧板的第八本书》。劳埃德极富幽默感，还喜欢开玩笑。他的这本书写于1903年，此时他已61岁。人们不知道为什么劳埃德这么晚才写这本书，只晓得是他母亲教会他用七巧板解题、出题，并在过世后传给他两本祖传的有关七巧板的书[①]。在他杜撰的"历史"部分，他把七巧板游戏的发明归

---

① 画家萨金特（John Singer Sargent）的祖父曾送给妹妹伊丽莎白·劳埃德（Elizabeth Singer Loyd）两本他收集的关于七巧板图案的书。伊丽莎白过世后，这两本书便传到她儿子萨姆·劳埃德的手中。——原注

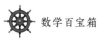

于中国的神。他写道：

"按百科全书的介绍，七巧板游戏起源极早。在中国，它作为一种消遣性的玩物，其历史可以追溯到 4000 年前……在关于七巧板的前七本书中，我曾经推测七巧板以一种反达尔文主义的方式阐释了创世纪和物种起源，即人类的进化过程经过了七个发展阶段，最终达到神秘的精神境界。当然，综合考虑各种因素，这种说法可能过于出格。"

《关于七巧板的第八本书》中的说法看上去十分令人信服。事实上，有不少学者最初都相信了他虚拟的七巧板历史，直到做了更加广泛的探索之后才明白过来。不管怎样，劳埃德的那些让人喜爱、使人欢乐的趣题书，将七巧板图案及设计，连同他的评论，一并带到了人们的生活中。

如右图所示，七巧板的七块图形，由五块相似的等腰直角三角形、一块正方形和一块平行四边形组成。挑战一下，将它们拼成一个正方形。然后试试将它们拼成两个正方形，一个长方形，或者一个平行四边形。上页图中的印地安夫妇就是劳埃德的杰作，你能拼出来吗？在劳埃德的作品集中，还有其他一些出人意料的图案。最后，请你创作一幅自己的原创图案吧！

七巧板的七块图形

毕达哥拉斯定理的一种精彩证明

下面这张有关毕达哥拉斯定理的图，出自中国的古籍《周髀算经》（该著作的成书时间说法不一，一种说法是公元前1200年，另一种说法是公元前100年）。该书主要用于解决一些有关天文的数学计算。

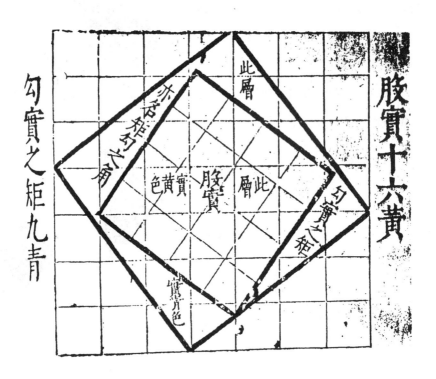

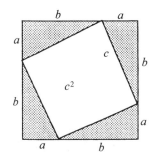 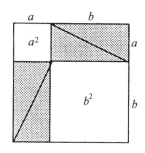

左侧正方形中非阴影区域的面积=右侧正方形中非阴影区域的面积

对上述图形加以研究并重新排列后,毕达哥拉斯定理的证明便显现出来了。

令人困惑的无穷

无穷是一个令人困惑的概念。它是一个数、一个量,人们用符号∞[1665年沃利斯(John Wallis)发明了该符号]表示它,并用于描述一个无尽的数量。倘若没有无穷的概念,许多数学思想就会失去意义。事实上,微积分和极限理论的建立都跟无穷的概念紧密相关。

美国加利福尼亚州的半月湾,遍布着密密麻麻的南瓜,看上去像有无穷多个

当人们开始考虑无穷的性质和它适用的范围时,常常会产生许多令人困惑的想法。例如,看一看正整数的无穷集合 N* = {1, 2, 3, 4, …},它能够与完全平方

数的集合 $S = \{1, 4, 9, 16, \cdots\}$ 形成一一对应。两者虽说都是无穷集合,但集合 $\mathbf{N}^*$ 相继元素间总是相隔 1,而集合 S 相继元素间却相隔越来越远。尽管看起来两者之间元素的数量不同,然而对于集合 $\mathbf{N}^*$ 中的任一正整数 k,集合 S 中都有一个元素与之对应,这个元素是 k 的平方,即 k^2。没有一个 $\mathbf{N}^*$ 中的元素在 S 中找不到对应的元素,反之亦然。对完全立方数的集合 $C = \{1, 8, 27, 64, \cdots\}$,以及完全四次方数的集合,结论同样成立。

事实上,无穷是导致许多看似矛盾的想法的根由。下面列出其中一些。

(1) 无穷的数量不一定占有无限的空间。例如,线段 AB 上有无穷多个点,但线段 AB 的长度却是有限的。

(2) 一个无穷数列的和不一定是无穷大。

例如:$\dfrac{1}{2} + \dfrac{1}{4} + \dfrac{1}{8} + \dfrac{1}{16} + \cdots + \left(\dfrac{1}{2}\right)^n + \cdots = 1$。

证明:

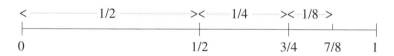

可以看出,上面数列的和绝不会超过 1。

(3) 一个有限长度的对象能够与一个无限长度的对象相对应。下图表示一个(具有有限长度的)半圆上的点如何能够与一条(具有无限长度的)直线上的点成一一对应。

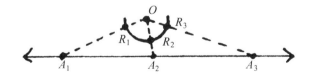

(4) 数学上有一种比较无穷集大小的方法,这听起来有点自相矛盾。人们总是把无穷看成是一样大的。然而,确实有一些无穷集,其元素比另一些无穷集更多。例如,考虑整数集 Z={⋯,−3,−2,−1,0,1,2,3,⋯}及其在数轴上对应的点。在任何两个相继整数之间,数轴上都有无穷多个点,因此数轴上的点比整数集有更多的元素。

(5) 在自然界中也存在有关无穷的悖论。例如,科赫雪花曲线具有令人惊异的特性,它的长度趋向无限,它的面积却是有限的。

多少世纪以来,无穷让无数人困惑、着迷、惊叹、质疑。芝诺悖论可以追溯到公元前5世纪,其中最著名的四个悖论是二分法、阿基里斯(Achilles)与乌龟、飞矢不动和运动场问题①,这些问题总是会引发有趣的讨论和想法。今天,填满空间的曲线、分形的生成、时间的无穷性、对大素数的继续探索,以及用于描述无穷集的超限数⋯⋯,所有这一切都为探索无穷的研究创造了一个良好的氛围。

---

① 二分法悖论、阿基里斯与乌龟悖论可参见"悖论"一节。飞矢不动悖论说的是:飞矢在任何确定时刻只能占据空间的一个特定点,因此在这一瞬间它就静止在这一点处。运动场问题悖论说的是:一段时间可以和它的一半时间相等。——译注

曲解化圆为方问题

  化圆为方是古代三大著名作图问题之一，即只用圆规和直尺作一个正方形，使它与给定圆具有相同的面积。2000多年来，它一直激励着数学探索，直到1882年，才被证明不可能完成[①]。

  1925年，塔斯克（Alfred Tarsk）去掉圆规直尺的限制，提议把圆切为若干块，然后将它们重组成一个面积相等的正方形。

  1989年，匈牙利布达佩斯罗兰大学的数学家拉茨科维奇（Miklós Laczkovich）居然证明了塔斯克的想法是可行的！目前人们还在对他的论证予以仔细审查，看其中是否存在什么错误或毛病，但至今尚未有人发现什么。在最终的正方形中，自然不允许有裂缝或重叠。拉茨科维奇估计，要达到问题的要求，大约需要将圆切成10^{50}块。

[①] 证明的论据如下：直尺能够作出直线段，它的方程是一次的。圆规可以作圆或圆弧，它的方程是二次的。当上述方程联立求解时，最多只能产生二次方程。但对古代三大作图问题，在用代数手段求解时，所获得的方程或包含三次方程，或包含超越数。因此，只用圆规和直尺不可能得到这类方程的解。——原注

一些逗人喜爱的谜题

书蛀虫问题

设想每卷书厚2.5英寸①,其中包含厚0.25英寸的封皮。一只书蛀虫有1英寸长,它沿水平方向直线蛀食。从吃第一卷书的前封皮开始,到吃第六卷书的后封皮结束,书蛀虫走过了多长的路?

堆竹竿

堆叠6根竹竿,使得它们每根都互相接触,但不允许折断或弯曲它们,应当怎样摆放?

---

① 1英寸 = 2.54厘米。——译注

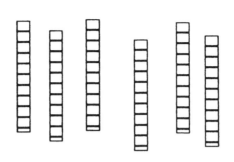

金银币谜题

将下图中的银币与金币对换位置。硬币一次只能沿垂直、水平或对角方向移到一个空格,每枚硬币只允许占据一个空格。试求最少的移动次数。

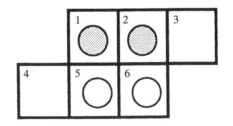

(答案见附录)

一种令人惊异的数的性质

对任意一个整数,以你喜欢的任意方式重新排列各位数字,你会发现原来的数与新数之间的差,一定可以被9整除!

选择的整数	选择的重排	差
12 563	23 651	11 088
		11 088 ÷ 9 = 1232
87	78	9
		9 ÷ 9 = 1
33 333	33 333	0
		0 ÷ 9 = 0
672 636	666 372	6264
		6264 ÷ 9 = 696

斐波那契迷

人们发现,斐波那契数列出现在众多领域,包括松果、菠萝、叶子的排列、某些花的花瓣数、黄金矩形、黄金分割比、等角螺线。有时我们还会发现,斐波那契数竟然出现在一些特殊的对象中。是我们反应过度了吗?比如说一架钢琴,在一段八度音阶中有8个白键5个黑键,这算巧合吗?莫非它是斐波那契数列触及的又一个领域?

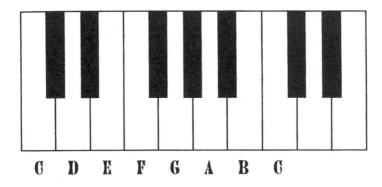

$$1, 1, 2, 3, 5, 8,$$
$$13, 21, 34, \cdots$$

C D E F G A B C

计算 π 的一个
神奇公式

用以下公式可以快捷地计算 π 的值。计算机科学家利用该公式的一种变体,已经将 π 的值计算到小数点后 1700 万位。

$$\frac{1}{\pi} = 2\sqrt{2} \sum_{n=0}^{+\infty} \frac{\left(\frac{1}{4}\right)_n \left(\frac{1}{2}\right)_n \left(\frac{3}{4}\right)_n}{(1)_n (1)_n \, n!} (1103 + 26\,390n) \left(\frac{1}{99}\right)^{4n+2}$$

拉马努金(Srinivasa Ramanujan)是一位对数字着了魔的数学家,他 1887 年出生于印度南部的贡伯戈讷姆,他的数学基础全靠自学而成。这一事实可以解释他那些探讨问题的独创、非正统的方式。他那些富有价值的公式和整页整页

3.141592653589793238462643
383279502884197169399375
105820974944592307816406
286208998628034825342117
067982148086513282306647
093844609550582231725359
408128481117450284102 7···

的成果,便是有力的证据。当时没有计算机可以帮助他检验自己的想法,他完全靠手工方法进行计算。如果没有在绝境中将自己的发现写信告诉英国数学家哈代(Godfrey Hardy),他的成果可能早已散失。哈代慧眼识天才,邀请拉马努金来到剑桥大学。就这样,25岁的拉马努金离开了妻子和故土,只身去追求他所热爱和渴望的数学。那时,他对现代欧洲的数学一无所知。这表明他在某些知识领域有缺陷。此后7年,他做出了很多成果,记下很多研究心得笔记和发现,逐渐显露出他的真才。由于不知原因的疾病,他的身体逐渐瘦弱下去,而他自己总是不注意,并在发烧的情况下坚持工作。他的健康不断恶化,终于在1919年被迫返回印度。1920年4月,拉马努金英年早逝,那时他才32岁。

迟至1976年,拉马努金丢失的笔记本终于被发现。那是美国宾夕法尼亚州立大学的数学家安德鲁斯(George Andrews),在剑桥大学三一学院图书馆的一个装信件和票据的箱子里发现的。拉马努金的工作风格是:在石板上进行运算,算完就擦掉。一旦得出一个特殊的公式,便把它记在自己的笔记本里。这样一来,笔记本中只有最终的公式,没有中间步骤。事实上,在拉马努金的笔记本里包含了大约4000个公式和其他成果。

数学家们不停地研究、应用并试图证明拉马努金的这些公式。正如加拿大新斯科舍半岛哈利法克斯市达尔豪斯大学的数学家博温(Jonathan Borwein)评论的那样:

"当他把一个个惊人的结果带到大庭广众之中时,人们不仅对它们感到好奇,还希望知道它们是否正确。它们的理论依据难以捉摸,潜藏在他从未指明的某些地方。"

拉马努金1914年得出的公式

$$\frac{1}{\pi} = \frac{2\sqrt{2}}{9801} \sum_{n=0}^{+\infty} \frac{(4n)!(1103 + 26\,390n)}{(n!)^4 396^{4n}},$$

其中 $n! = n \cdot (n-1) \cdot (n-2) \cdots 1$,且 $0! = 1$。

超空间——
让物体凭空消失

　　超空间是超立方体、超球和其他四维物体的世界,它激发了数学家的兴趣和无尽的想象。对这样的一个世界,我们这些三维生物只能在头脑中加以理解。我们对于维度及维度提升的认识,基于我们对现实中存在事物的感知。对超空间的理解,则有赖于我们类似于在二维世界中画出三维世界物体那样的能力。

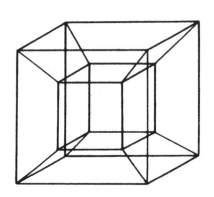

　　超立方体是立方体的一种四维表示类似物。一个画在纸上的立方体是一种透视图,揭示了它具有的三维特征。而画在纸上的超立方体,则是对透视图的再次透视。

　　在超空间中会出现什么样的现象呢?超生物又能做什么呢?为什么他们的动作乍看起来与我们如此不同呢?一个超生物能够毫不费力地在众目睽睽

之下移走物体,而留给我们的感觉只是物体突然之间凭空消失了。超生物能够看到任何三维物体或生命形式的内部,并且如果需要的话可以从内部移走任何东西。三维的结在超生物手里可以很轻易地被解开。一副我们用的手套,也能很容易地改变为两只都是左手或两只都是右手的手套。这样的事听起来似乎是天方夜谭,但从数学的角度来看,它们都是顺理成章的现象。

　　一个超生物通过与我们的空间相交进入我们的世界,就像一个球通过与平面相交进入二维世界一样。那么我们能看到超生物的什么呢? 我们所看到的超生物仅仅是它的一个像(它的一个面),就像一个球穿过一个平面时在平面上留下的一串圆。正如二维世界的生物无法看到三维球的深度一样,在三维世界中的人们也无法窥见超生物的全貌。我们三维生物能够进入二维世界,并通过简单地把物体拉到三维世界的办法来移动任何二维物体。这在任何二维生物看来,该物体似乎就是消失了。

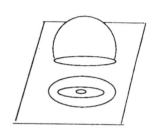

一个球穿过一个平面,它在平面上留下了一串圆

　　对一个三维生物来说,要解开一个二维生物的结简直不费吹灰之力,因为二维世界中的一个结充其量不过是一个圈,只要把圈的一头提到三维世界中,那么

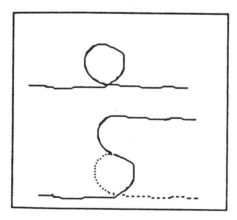

一个二维世界的结就是一个扁平的圈,三维生物可以很容易地通过把二维结带到三维世界中,从而解开它

二维的结自然就解开了。让一个超生物解开三维的结,同样的情况也会发生。

如果二维世界也用手套,三维生物只需轻松地将左手手套在三维空间中翻一个面,就像将一块煎饼翻一个面一样,便得到了一只右手手套。

跟一位超生物朋友做伴,在三维世界中游历将变得非常容易。超生物能够通过第四维将三维空间加以弯曲,就像三维生物能够将二维空间(平面)弯曲一样,把两个不同的点弄到一起。

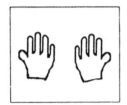

一只二维的右手手套
能够很容易地在三维
空间中变为一只左手
手套

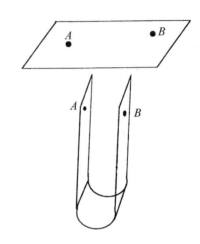

超生物在三维世界里肯定就像一个奇迹创造者。你猜超生物外科医生会创造出什么惊人的事迹呢? 他们能够进入一个三维生命体的体内,移去或摘掉一个病灶而不留下丝毫痕迹。用类似的方式,我们也能够进入二维世界的任何部分。

不管你是否相信多维空间,它们背后的数学原理却是极为令人信服的。

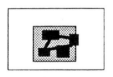

一个三维生物能够从上方(第三维)进入二维房子
的任何房间、桌子、壁橱等处,也能够通过第三维在
不经过走廊或大门的情况下移走任何物体

生生不息的黄金三角形

　　黄金三角形是指两个底角均为72°、顶角为36°的等腰三角形。当这种三角形的两个底角被平分时,会产生两个新的黄金三角形。这一过程可以沿着原黄金三角形的腰无限地继续下去,无数个新的黄金三角形就会不断地展开在你面前。

　　用黄金三角形也能如下图所示产生等角螺线和黄金分割比,即

$$\phi = \frac{|AB|}{|BC|} = 1.618\cdots$$

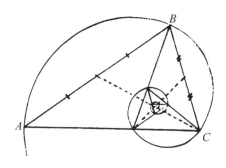

　　在这些往上攀升的无数个黄金三角形中,人们还能构造出往上攀升的无数

个五角星。而这些五角星的顶点,也构成了黄金三角形。

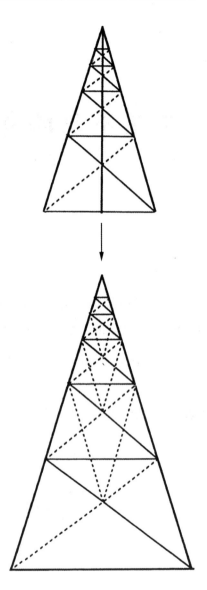

折出一个椭圆

许多数学思想和数学对象可以通过折纸来证明或表示,圆锥曲线也不例外。这里给出怎样用纸折出一个椭圆的方法。

● 从一张圆形的纸片开始。

● 在圆内任选一个不是圆心的点,并在该处画上一个点。

● 折叠圆纸片,使圆周上有一点落在画点的地方。

● 绕着整个圆周边界继续上述过程。

最终,折痕会形成一个椭圆。

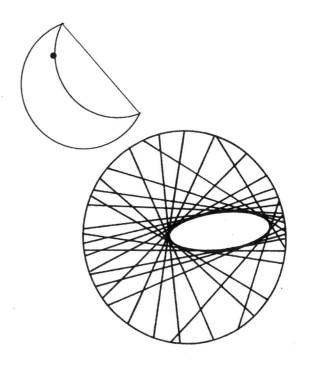

折出一条双曲线

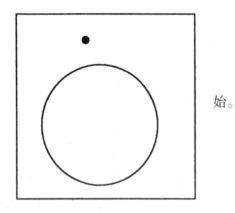

这里给出怎样折出一条双曲线的方法。

● 从一张纸片和画在上面的一个圆开始。

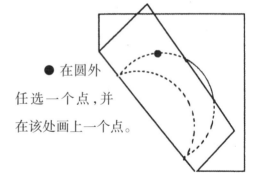

● 在圆外任选一个点，并在该处画上一个点。

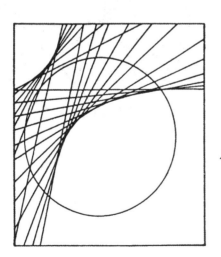

● 折叠纸片，使圆周上有一点落在画点的地方，就像上图所示的那样。

● 绕着整个圆周边界继续上述过程。最终，折痕会形成一条双曲线。

二进制魔术卡片

利用二进制数可以制作一套魔术卡片。

这五张卡片以独特的方式表示了从1到31的数。例如,21在二进制中的写法是10101,因此21只在卡片E,C,A中出现。没有两个数会出现在相同的卡片组合中,因为它们都有不同的二进制表示法。如果某人说他想到的那个数出现在卡片E,C和A中,那么你通过心算便能很快得出这个数是16+4+1,即21[①]!

卡片E

16	17	18	19
20	21	22	23
24	25	26	27
28	29	30	31

数位16

卡片D

8	9	10	11
12	13	14	15
24	25	26	27
28	29	30	31

数位8

卡片C

4	5	6	7
12	13	14	15
20	21	22	23
28	29	30	31

数位4

卡片B

2	3	6	7
10	11	14	15
18	19	22	23
26	27	30	31

数位2

卡片A

1	3	5	7
9	11	13	15
17	19	21	23
25	27	29	31

数位1

---

① 在二进制中,1和0是仅有的两个数字。每一张卡片代表二进制的一个数位上的值。例如,卡片E代表数位16或2^4。数的二进制表示法指明了在每一张卡片上应当放置哪些数。二进制数的某个位置出现0,就表明该数不出现在相应位置的卡片上。——原注

"憋死牛"棋

　　这个棋类游戏在中国叫"憋死牛",在韩国叫"Ou-moul-ko-no"。它看起来似乎非常简单,因为棋盘很小,棋子也只有四枚。但不要被它如此简单的结构迷惑!

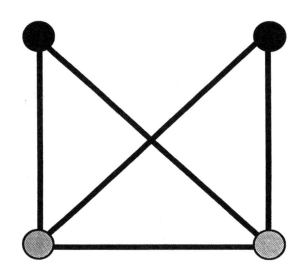

玩法步骤:

　　两个玩家各执两枚棋子或小石块。开始时,两人轮流放置棋子。四枚棋子都放好后,玩家开始轮流移动棋子,每次只能沿直线移动一枚棋子到空的位置(只有四个角及中心的五个位置)。游戏的目标是逼得对手的棋子无法移动。

古埃及的腕尺、掌尺与指尺

古埃及人最初的测量工具是身体上的"尺"。腕尺是指从手肘到中指末端的距离。每个腕尺又可分为七个更小的单位，称为掌尺，也就是手掌的宽度。每个掌尺又可分为四个指尺，即手指头（不算大拇指）的宽度。这些测量工具人人皆有且随身携带，没有人会感到不方便，只是这些"尺"的长度有赖于使用者身体部位的长短！后来古埃及人制定了两种不同规格的腕尺，一种是法老钦定腕尺，长约20.59英寸，另一种是民间短腕尺，长约17.72英寸[1]。

古埃及人还制作了相应的金属棒，用以表示钦定腕尺和短腕尺，棒上带有细分的掌尺和指尺刻度。这种金属棒就是现代尺的前身。

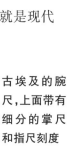

古埃及的腕尺，上面带有细分的掌尺和指尺刻度

[1] 希腊和罗马也将腕尺作为测量单位。一个希腊腕尺长约18.22英寸，而一个罗马腕尺则长约17.47英寸。——原注

大数——
隐藏的解答

1769年，欧拉(Leonhard Euler)提出 $a^4 + b^4 + c^4 = d^4$ 没有正整数解的猜想，这可以看作费马大定理[①]的一个拓展。时隔200年后，数学家用计算机找到了满足以上方程的整数解，从而推翻了欧拉的猜想。

哈佛大学的埃尔金斯发现了第一组解：$a = 2\,682\,440$，$b = 15\,365\,639$，$c = 18\,796\,760$，$d = 20\,516\,673$。马萨诸塞州剑桥的思维机器公司的弗赖伊(Roger Frye)，则发现了较小的一组正整数解[②]。

$$2\,682\,440$$
$$15\,365\,639$$
$$18\,796\,760$$
$$20\,516\,673$$

数学家用计算机驳倒了欧拉

---

① 更多信息参见"费马大定理"一节。——原注
② 参见《科学新闻》杂志"神奇的大数乘方"，第133卷，1988年1月30日。——原注

计算机建模

今天,数学家们用计算机进行可视化和建模,从而开拓了一个极富想象力的世界。用"瞬息万变"来描述计算机成像方面的创新最为贴切,电视剧《星际旅行:下一代》中全像甲板实现的日子应该不远了。

许多领域的专家都在发展和应用计算机成像技术:外科医生用计算机影像研究病灶区域;建筑师通过它观察设计完成后的建筑物式样,以及不同角度的光线情况;环境专家用它来预测自然现象;飞行员能够不离开地面而经历各种飞行环境;音乐家将它作为一种乐器创作出乐谱;检疫官员用它追踪和预测疾病的传播;艺术家和电影摄影师不用拿起画笔就能够创造出逼真的场景……这样的例子还有很多。数学家目前正与图形专家及计算机科学家合作,以达到可视化技术的新高度。先进的计算机程序加上复杂的算法,将过去只出现在数学家脑海里的想法转化为逼真的彩色模型。这些计算机模型有助于解决诸如下述领域的问题:纽结理论、肥皂泡、超空间、空间镶嵌、非欧模型等。几乎所有脑海里的问题和想法,都可以借助计算机建模方便地与人分享。

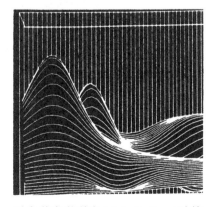

引自普鲁依特(Melvin L. Prueitt)的《计算机图形》,多佛出版社惠供

单人跳棋

这个游戏有许多不同的名字,如"八人同船""全在一线"等。

游戏目标是白纸片与黑纸片交换位置,但每一步都必须遵守以下规则:

(1) 同样颜色的纸片不能互相跳过;

(2) 一次只能将一张纸片移动或跳过另一张纸片到达空位。

求最少的移动次数。

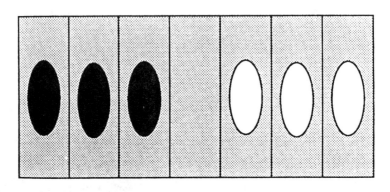

如果增加棋子数,将使该游戏更加富于挑战性!

(答案见附录)

拆掉盒子——
赖特的建筑理念

　　赖特(Frank Lloyd Wright)的作品有着独特的风格。他的建筑设计千变万化,其风格并非来自类似的式样,而是来自建筑设计体现出的哲学味道。用他的话来说,"建筑学是一门用结构来表达思想的科学艺术。"他的那些建筑式样享有"有机建筑"的美称,环绕四周的景致、材料、方法、效果、想象,以一种特有的方式融合在一起。

　　赖特的内外合一的结构设计,对建筑行业有着深远的影响。在他的设计中,

加利福尼亚州马林郡的市政中心是赖特后期的设计作品之一

外部是内部的延续,他称之为"拆掉盒子"。一栋建筑物,无论是商用还是民用,在赖特的眼光里都是一个个盒子或立方体的集成物。在欧氏几何里,空间是作为点的集合来界定的。虽然立方体常被用来表示欧氏几何的空间,但我们知道空间是没有疆界和限制的。赖特希望他的作品能给出空间的感觉——点从内部涌向外部。沿着这条思路,他找到了一种在设计中拆掉传统盒子的方法。他寻求界限感的改变,并试图摆脱以盒子式样区分内外部世界的方式。赖特发掘了建筑材料尚未被开发的潜能,将钢材、玻璃等材料按新的设计变动配置,以消除盒子感,让内部空间和外部空间融为一体。

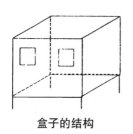

盒子的结构

赖特的设计应用了悬臂梁,从而把承重支柱从角落移到了墙的位置,由此去掉了盒子的角。这样一来,居住者的视线就不会被限制或被吸引到墙角,空间似乎得到了延展。用悬臂梁重新配置承重柱和横梁,墙看起来不再是封闭的,而是独立的、分离的,可以根据需要加以修改:或缩短,或延长,或重新配置。

赖特的革新想法并不局限于水平方向,在竖直方向上也能自由规划。他摒弃了檐板,打开了建筑的顶部。他在设计中打破了堆叠盒子的方式,代之以圆柱,并使它们成为天花板的一部分,从而创造出

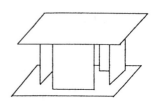

一种形式上的连续。现在,建筑物的内部和外部空间都能全方位地变动。允许内外部空间自由变动正是赖特"有机建筑"的精髓。正像赖特所说的:"有机建筑是这样的一种建筑结构,你就像从第三维感觉到和看到所有一切的发生……空间由第三维而变得活跃起来。"①

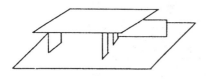

---

① F. L. 赖特,《一种美国的建筑》,1955年。——原注

π 的无穷无尽的 小数展开

在日常生活中,大多数人只要知道 π 的小数点后四位就足够了!然而,英国数学家尚克斯(William Shanks)却花了 20 年时间,手工把 π 算到了小数点后 707 位。不幸的是,他从第 528 位起就算错了,但这一错误直至 1945 年才被人发现。

$$\pi = 3.141\ 592\ 3979\ 853\ 56\ 23846\cdots$$

为什么人们希望把 π 的值算到小数点后数百万位,就像人们今天用超级计算机所做的那样呢?为什么 π 的小数值有如此的魅力呢?也许是因为:

- 他可以检验超级计算机的硬件和软件性能;
- 计算的方法和思路可以引发新的概念和思想;

● π的数字展开真的没有一定的模式吗？它的模式含有无穷的变化吗①？

● 在π的数字展开中，某些数字出现的频率会比另一些数字出现的频率高吗？或许它们并非完全随机？

数学家持续几个世纪的对π的探索，也许就是为了满足他们更上一层楼的愿望②。

---

① 一些数字以不寻常的频率出现在π的小数中——$\sqrt{2}$ 的前八位数字开始出现在第 52 638 位小数里，而此时 e 的前六位数字已经出现了 8 次。在π的前 1000 万位小数中，π的前六位数字(314159)至少出现了 6 次。——原注

② 1999 年 9 月，日本东京大学教授金田康正和他的助手将π的值算到了小数点后 2061.5843 亿位。计算用了 37 小时 21 分钟，检验用了 46 小时零 7 分钟，计算出的最后一位数字是"4"。从现有资料看，π的数字展开中，10 个数字出现的频率平分秋色。——译注

用数学知识探索地震

　　通过研究地震波可以探索地震。根据地震后出现在地震仪上的不同时间，地震波可以分为三种类型：

　　P波——速度约为每秒5英里[①]，是类似于声波的纵向压缩波，它能使岩石沿着地震波行进的方向振动。

　　S波——速度约为每秒3英里，是一种抖颤波，它能使岩石在与地震波行进方向垂直的方向振动。

　　L波——速度约为每秒2.5英里，是一种在地表传输的波，有点像海洋的波浪。

　　由于以上三种波以不同的速度行进，它们各自以不同的间隔和形状出现在地震仪上。P波首先出现，当它渐息的时候S波随之而来。如果震中的位置离地震仪较近，则S波将更快到达。利用P波和S波的不同速度，可以确定这些波行进的距离，进而确定地震时间。通过波被不同物质反射等资料，还能得知地球内部构造的信息。大多数地震是发生在地球的外壳，若缺少L波则意味着地震源于地球的深部。

　　当地震发生时，不同观测站的地震仪记录下了不同类型的波到达的时间，从而测出地震中心与观测站点的距离。以各站点为中心，以相应的距离为半径作圆，则地震中心就位于这些圆的交点处。

----

① 　1英里≈1.6千米。——译注

玛雅人的数学

　　由于宗教的狂热及西班牙征服者的贪婪,大部分玛雅文化的记录和文献散失了。

　　《东印度炮手与犹加敦的关系》一书,在西班牙马德里的皇家学院图书馆里被冷落了好些年,直至1869年被法国教士布尔布格(Charles Etienne Brasseur de Bourbourg)发现。该书作者兰达(Friar Diego de Landa)试图通过烧毁用玛雅象形

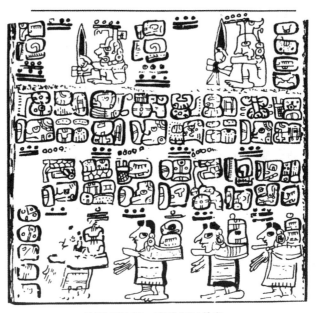

玛雅历法某一页的记录片段

文字书写的当地图书来破坏玛雅文化,但正是他的这本书让人们了解到这种文化的存在。兰达是一个狂热的天主教传教士。他认为毁掉玛雅人书写的东西,就可以强迫本地人学习西班牙语,并接受天主教信仰。他的书中记载了一些难懂的象形文字,这些文字连同其文化传统都被毁了,只留下了出现在天文计算中的记数法,以及玛雅历法的时间计算。因为没有有关玛雅人数学和建筑方面成就的书面记载,所以任何结论都只能是一种推测。

德鲁克(D. Drucker)、库布勒(G. Kubler)和哈尔斯顿(H. Harleston)等人的研究试图把墨西哥金字塔的测量值与勾股数、π、e 和黄金分割比联系起来。

从仅存的资料中得知,玛雅人的数学肯定包含:数系、位值、零,以及使人印象深刻的记录时间的方法。

不幸的是,大多数玛雅资料人们至今无法判读。例如,我们知道他们采用 20 进制,但我们没有他们使用这种系统的直接证据,因为有关他们日常生活的记录都被毁掉了。目前可以确定的只有他们关于天文和历法的记载,从中知道他们发展了一种位值系统,用它可以表示很大的数(实际上想要表示多大都可以)。他们还会用一个符号表示空缺的单位,因而可以说已经有了零的概念。由于宗教和仪式在玛雅人的生活中占据了重要的地位,甚至是支配了他们的生活,因此天文和历法的记录较为广泛。

玛雅人的历法比现代的格里高利历或其他文化的历法更为精密。他们发展了三种历法:

● 卓尔金历——以 260 天为一循环;

● 太阳历——以 365 天为一循环;

● 金星历——以 584 天为一循环。

玛雅人设立的太阳历,其一天的误差仅为 1.98‰,对比之下,格里高利历一天的误差却达到 3.02‰。当年帕伦克城的玛雅天文学家计算两次相连满月之间的平均周期,他们记录下 81 个阴历月中共有 2392 天,从而得出每个阴历月有

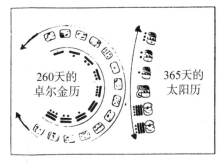

太阳历与卓尔金历的结合,每52年为一个历法周期

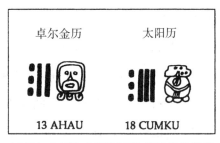

用卓尔金历和太阳历两种符号表示的日期

29.530 864 2天,而现代天文计算的结果是一个阴历月有29.530 59天。

玛雅历法中时间的概念不是很严格。玛雅人把日期与他们的神的名字联系起来,每个日期都有一位神负责(有吉有凶),依日、月、年轮流,循环不息。

卓尔金历由260天组成,每20天一循环,每天都用一位神的名字命名。将每个神的形象与1到13的数相结合,便产生了260天的历法,每天的神与数字的组合都没有重复,直到下一个循环到来。于是,在神的形象与循环反复的1到13的数之间形成了一一对应。

神的形象:A B C D E F G H I J K L M N O P Q R S T A
　　　　　B C D E F G ……

数:1 2 3 4 5 6 7 8 9 10 11 12 13 1 2 3 4 5 6 7 8
　　9 10 11 12 13 1 ……

有点类似于占星术,玛雅人深信260个日子的每一天都有它固有的特性,吉利或不吉利有赖于它们的符号。他们相信人出生之日的特性将会伴随人的一生。

太阳历又称"哈布历",由18个月(每月20天)构成。在太阳历的365天中还留下年末的5天,这5天被认为是无生气和无用的日子。在这5天期间,人们几乎不做什么事情,且行动必须受宗教约束。

太阳历与卓尔金历同时使用,这就使得一天会有两种日期表示法。考虑到这两种系统各自的日期构造方式,可以推出整个体系每52年重复一次。这种历

法的结合称为历法循环。$\dfrac{365 \times 260}{5} = 18\,980$ 天 $= 52$ 个太阳年或 73 个卓尔金年（18 980 是 260 与 365 的最小公倍数）。这意味着,在 52 年间每一天都有唯一的组合标记。

至于玛雅人的金星历,则是基于人们在地面上看到金星出现于太阳两侧相对位置时相隔的天数来设置的。每五个金星周期会在 580—588 天之间变化,平均为 583.92 天。玛雅人取其为 584 天。这样计算,每 301 个大周期会有 24 天误差,大约 6000 年才会误差一天!

如果把太阳历、卓尔金历和金星历三者结合,那么在几千年的周期内,每一天所用的组合名称都将是唯一的。

与历法及日期名称自然地牵连在一起的,就是有关玛雅人的学识和宗教,这是我极力希望读者去探究的。按照玛雅人的长纪历,上一个轮回始于公元前 3113 年 8 月 11 日,而终于公元 2012 年 12 月 21 日。

玛雅人的数系多半受他们历法的影响,因为他们用的是一种修改的 20 进制位值体系,只使用下列三种符号竖直排列起来进行计数:

● ——代表 1;

▬▬ ——代表 5;

⬭ ——代表 0。

但他们的位值并不严格遵循 20 进制,即不是 $1 = 20^0$, $20 = 20^1$, $400 = 20^2$, $8000 = 20^3$, $160\,000 = 20^4$, ……而是从第三位起略有偏差,即 $1 = 20^0$, $20 = 20^1$, $360 = 18 \times 20^1$, $7200 = 18 \times 20^2$, $144\,000 = 18 \times 20^3$, ……我们可以注意到,这里所用的 18 和 20 正是太阳历和卓尔金历中出现的。玛雅人用一个符号代表 0,这个符号有两种作用:一是占位,二是作为数量。右图的例子表明玛雅人是怎样书写 4326 的。

12（个 360）

0（个 20）

6（个 1）

手性——
旋向问题

　　宇宙是右旋的还是左旋的,或者两者兼有? 谁也不知道。但宇宙中的许多物体确实显示出手性,这是一个旋向问题。如果一个物体与它的镜像相同,那么这个物体就是非手性的。例如,球或矩形都是非手性的。手性物体则是不能与其镜像完全重合的东西。螺丝钉、树还有手都是手性物体的例子,要么是右旋的,要么是左旋的。人们也发现了具有右旋性和左旋性的分子形式。对于植物、贝壳、细菌、脐带、鹿角、骨骼、树皮等,也都能找到右旋的和左旋的。在某些地方,一种手性比另一种手性占有优势。例如,习惯用右手的人比习惯用左手的人

紫藤的右旋螺线和忍冬的左旋螺线

阿拉斯加大角羊的角,既有右旋螺线又有左旋螺线

更多。贝壳、植物和细菌也是右旋的居多,而氨基酸主要是左旋的,中微子则只有左旋的。有些对象会同时具有两种手性,具体依赖于存在的状态与所起的变化。科学家正在从微观和宏观两个方面研究手性,他们甚至分析了宇宙中四种基本力(引力、电磁力、强相互作用力和弱相互作用力)的手性。他们是否发现大自然会产生一种均衡的镜像对称形式? 手性能否解开宇宙的更多秘密?

在混沌中会有秩序吗

无论是古代的神谕和预言,还是今天日益流行的塔罗牌、占星图、命理和水晶球,人类总是希望能预知未来。此外,人们还在以下这些领域谋求预测:

- 天气
- 地震
- 物价
- 股市
- 利率
- 经济

为了掌控生活,我们寻求精密、昂贵的设备和方法用于预测。但是我们有能力对变化万千的现象进行长时间的可靠预测吗?自然现象会遵循一种可预知的模式吗?它们会以一种循环的模式重复结果吗?多少年来,各种科学都依赖于将现有的模式公式化、理论化,并进而形成一般性的规律。然而,混沌理论却使科学界为之震动。物理学家和其他传统学派的科学家,开始更加严肃地看待混沌理论。在这个世界上,从一件非常简单的事到复杂的宇宙间的重大事件,用我们几个世纪以来发展的公式和法则仍然做不到事事都准确预测,要承认这一点是很痛苦的事情。训练有素的科学家们不得不提升自己的数学技能,以便当混沌现象出现在自己所从事的领域时,能够警觉地了解并认识它。

混沌的历史始于20世纪60年代初,为了研究气象学并在数学上进行完善,洛伦兹(Edward Lorenz)用一台计算机模拟了一个简单实验,以探索热空气上升所引起的各种变化。他发现:初始资料简单、细微的改变,会让结果出现巨大的不同,也就是引发了混沌事件。在天气预测方面,这种现象称为"蝴蝶效应",即在地球的某个角落,一只蝴蝶拍动翅膀(小小的变化)所引起的空气扰动,能够在地球的另一个角落引发大范围的风暴!从技术上讲,这就是初始条件敏感性。在天气预报的总体图像中,一个微小变化的出现都可能延续为全球性效应。由于人们无法记录所有可能的变化,也无法关注到全部简单而微小的情形,这就使得准确预测成为不可能。输入信息的微小误差,经过不断加强,便可能导致混沌事件。

当洛伦兹把他在三维空间的实验结果描绘出来时,第一幅混沌科学的图画被创造了出来。其结果是一种类似于三维螺线的曲线,它绝不自交或重复。它就是著名的洛伦兹吸引子。

奇异吸引子是混沌理论中描述上述形状的一般性术语,它可以在多维空间中描画。奇异吸引子不断地变化,无尽地延展,但绝不自我重复。洛伦兹的成果

洛伦兹吸引子的一种艺术再现

发表于1963年的《大气科学杂志》。不幸的是,那时其他领域的科学家并没有接受和理睬它。

直至20世纪70年代,特别是应用计算机建模之后,其他的数学家和科学家也发现了类似的结果[1]。这种研究在一些非常宽泛且看起来毫无关系的领域里进行,而结果却惊人相似——奇异吸引子一次又一次地呈现出来。下面是一些探索领域,在这些领域中人们都发现了混沌理论:

(1) 记录尼罗河的泛滥;

(2) 地震;

(3) 棉花价格的波动;

(4) 平滑流体与湍流之间的转折点;

(5) 统计经济学;

(6) 电话线路中的噪声干扰;

(7) 天体轨道的变化:

　　● 土星卫星(许珀里翁)的轨道,

　　● 冥王星的轨道,

　　● 火星和木星的一些卫星的轨道;

(8) 木星的大红斑的变化;

(9) 流体动力学的变化:

　　● 水龙头滴下的水流的变化,

　　● 水车流出的水的变化;

---

① 芒德布罗(Benoit Mandelbrot)是最早注意到奇异吸引子出现在看似毫无关系的领域的数学家之一。此外,混沌理论也由于芒德布罗对分形的研究成果而扩大了影响。通常计算机能够产生的无限变化的系统图像既可以是整齐有序的,也可以是随机的,而且当它放大的时候并不会失真。这种几何对象,在不断变小的范围里无尽地自我重复,每一部分都是整体缩小后的形状(例如雪花曲线)。分形已经成为自然界中几何形状的代名词,而且借助计算机,分形几何可以用来描述自然界中出现的形态(诸如云朵、生姜根、海岸线等),这些用过去的欧几里得几何方法都是无法描述的。——原注

（10）非线性三角函数的变化；

（11）生态学：

● 索诺拉沙漠高地上蚂蚁数量的波动，

● 学校孩子中突发麻疹人数的波动，

● 澳大利亚昆虫的蔓延，

● 加拿大猞猁数量的波动。

混沌理论并不注重所考虑现象的简单或复杂，而是注重它发生的无法预测性，以及其奇异吸引子的形式。在混沌现象里，尽管变化是遵循奇异吸引子的模式，但吸引子的性质使得它不可能预测将来的结果[1]。奇异吸引子的一个重要的特性是：两条螺旋形的曲线绝不自交。它们由无数依次产生的富有美感的不同曲线所组成，这些曲线除不相交外也不重复。在混沌理论的研究中，一种全新的科学实验得到了发展[2]，在那里数学成为一种重要的探索手段，而结果则常常藏匿于科学实验室的计算机之中。

混沌理论要求所有领域的科学家们施展高超的数学技巧，以使自己能更好地认识所获得的结果的内在意义。数学曾经推动了分形领域的发展，帮助描述和解析无定形的、非对称的和随意性的自然环境。把数学应用于现代的混沌理论，数学家们正在开始揭示混沌中的秩序。

---

[1] 地球可能在数百万年的时间里遵循着一种可预测的轨道运行，然后突然间进入一种混沌状态。数百万年时间对于宇宙的存在来说，只是微小的一瞬间。——原注

[2] 按《科学新闻》1991年1月26日公布的资料，美国海军地面作战中心的科学家们在实验室中对一根磁条做了微小的调整，结果就在原先混沌的状态下产生了稳定的磁场。也就是说，他们用微小的变化实现了对混沌的控制。——原注

六面变脸六边形折纸

　　从广义上讲,变脸折纸可以看成是一类拓扑模型。它是一张画在纸上的图,折叠后能翻出几个不同的面。变脸折纸最初是作为玩具和魔术道具于19世纪90年代出现的。1934年由斯通(Arthur H. Stone)创作的六面变脸六边形折纸再次引发了对其在数学上的研究兴趣。那时斯通是一个来自英国的普林斯顿大学学生,为了让美国的纸张能放进他的英国笔记本,他将每一张纸剪去一条边。他尝试用不同的方式来折叠这些纸条,偶然间做出了六面变脸六边形折纸。他与

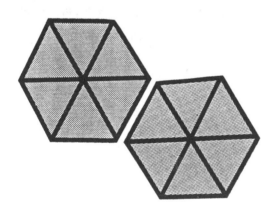

三位朋友塔克曼(Bryant Tuckerman)、范曼(Richard Feyhman)及图基(John Tukey),研究了六面变脸六边形折纸的性质,并发展了一套关于这些变脸折纸的完整的数学理论。此后,许多有关变脸折纸的科学论文被发表[1]。

---

① 马丁·加德纳(Martin Gardner)的文章发表于《科学美国人》,1956年;奥克利和威士纳的文章发表于《美国数学月刊》,1957年3月。——原注

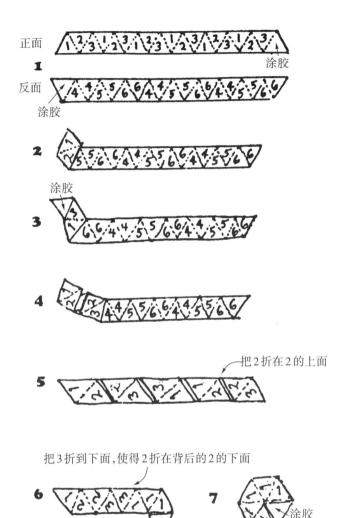

正面

1

涂胶

反面

涂胶

2

涂胶

3

4

把2折在2的上面

5

把3折到下面,使得2折在背后的2的下面

6

涂胶

7

涂胶

涂胶

8

变脸过程

（1）挤捏折好的变脸折纸,使之形成图示的形状,然后像打开花朵一样从中间打开它。如果折纸不能打开,那么沿着没有用到的折痕捏,然后折成同样的形状。

（2）你能够很容易地通过实践进行翻折变脸。

（3）继续翻折,你能得到所有的六个面吗①?

---

① 每个面上的六个数字均相同。——译注

对称——
数学中的均衡

把你的两只手平放在桌面上,想象有一条垂直平分两大拇指之间连线的直线,它就是对称轴。如果把一面镜子放在这条直线上并朝向你的左手,那么它反射在镜子里的像将与你的右手完全重合。

一只蝴蝶的身体、一片叶子的形状、人类的身体、一个完整的圆,以及蜂窝结构等等,看上去给人的感觉就是完美均衡的,这多半要归因于它们的对称性。

对称的概念不仅出现在自然界,还出现在艺术、科学、建筑乃至诗歌中。事实上,它几乎能够在我们生活的所有方面被发现。在有些事物中,对称似乎是固有的,以至于我们常常视其为理所应当。有时一种对称形式上的破缺,竟会成为特殊的吸引人的品质。当我们看到一种图案或雕塑时,无需过分留意即能(几乎直接地)判定喜欢它或不喜欢它,而它的对称或破缺,大概是影响我们感觉的重要因素。

数学中的对称

从数学观点看,如果能够找到一条直线,它将一个对象分为两个全等的部分,或者沿这条直线折叠,能使其中的一部分与另一部分完全重合,那么这一对象就被认为是关于该直线呈轴对称。

对称物体的例子有:

中心对称

两条对称轴

一条对称轴

无数条对称轴

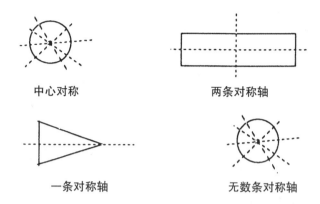

意大利蒂沃利花园的池塘映像

在代数中,一个函数的反函数(对称的像)能够由 x 和 y 坐标的互换来实现。用相应的方程可以绘制出一个函数和它反函数的图像,它们关于直线 $y = x$ 对称。

对称和运动

对称这一概念,有时也用于描述数学关系。例如"="的关系就具有对称性,因为 $a = b$ 与 $b = a$ 两者同时成立。但关系"<"却不是对称的,因为 $a < b$ 与 $b < a$ 不可能都正确。

运动貌似与对称没有什么联系。不过,考虑运动物体的路线,如果两个物体确定是对称的,那么通过其中一个物体的运动路线就能预测另一个物体的运动路线。进一步观察一只四脚动物的实际运动。下图显示了跑动时它的脚的位置,当它达到全速时,它的前脚是平行的,后脚也一样,此时其运动状态呈轴对称。

在此之前,其运动状态并不对称,位置差了180°。

研究表明,人类的跑动也跟动物一样,有时会呈现一种简单的对称形式。上述发现目前已被应用于机器人的脚步设计之中。

素数与整除性检验

远古时代,人们就发现了素数。埃拉托色尼(Eratosthenes)创造了一种素数的筛法,用它可以求出小于目标数的所有素数。欧几里得(Euclid)证明了没有最大的素数。今天,数学家和计算机科学家用计算机来判断某数是否为素数。被发现的最大素数的纪录不断被刷新。1993年的纪录是 $2^{859\,433}-1$,这是斯洛文斯基(David Slowinski)发现的。应斯洛文斯基之邀,克兰德尔(David Crandall)对它进行了验证。确定素数的算法还被应用于其他领域,比如天气预报之类要用计算机处理巨量资料的地方。

5661能被6整除吗?

整除性检验是回答有关数的因子这类简单问题的一种快捷方法。下面是一些便捷的心算检验法。

怎样知道一个数能被以下的数整除?

2——该数是以2,4,6,8或0为结尾的偶数。

3——该数的数字和能被3整除。

4——该数的后两位所表示的数能被4整除。

5——该数的末位数字是0或5。

6——该数能同时满足对2和3的整除性检验。

8——该数的后三位所表示的数能被8整除。

9——该数的数字和能被9整除。

10——该数的末位数字为0。

11——该数偶数位的数字和与奇数位的数字和之差能被11整除。

12——该数能同时满足对3和4的整除性检验。

爱因斯坦的板书

难得能够看到一个天才在工作中的实际手迹及思维过程。爱因斯坦（Albert Einstein）一生的工作都在与光、时间、空间、能量、物质、引力及它们之间的相互关系打交道。这里是一幅爱因斯坦的板书，出自他1931年在牛津大学的讲演。

帕斯卡三角形的
一些性质

在帕斯卡三角形中,对角线(图中虚线)上部分数的和,等于最后一个数的下面一行左下方位置上的那个数。例如,从1到36的三角形数的和,等于最后一个数36的下面一行左下方位置上的那个数120(图上画圈的数)。

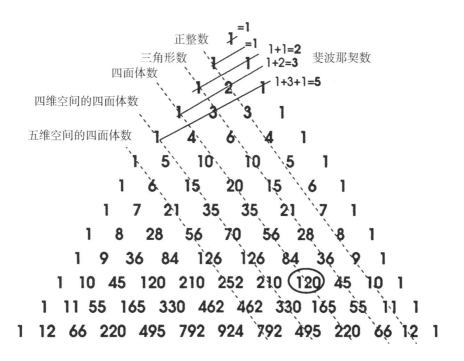

上述方法适用于所有的对角线——自然数对角线、三角形数对角线、四面体数对角线、四维空间四面体数对角线,等等。

斐波那契数也出现在图示的帕斯卡三角形中[①]。显然,帕斯卡(Blaise Pascal)本人当时并不晓得这些。事实上,上述性质在19世纪后期之前大概还没有人注意到。

---

① 更多的信息可参见"算术三角形的起源"一节。——原注

单　　摆

在爱伦·坡（Edgar Allan Poe）的小说《陷坑与钟摆》和埃科（Umbero Eco）的小说《傅科摆》中都提到了单摆。单摆是房间里的摆钟以及自然博物馆里的巨大的摆的始祖——它以一种波澜不惊的、近乎催眠的方式展示了地球的运动。

单摆的历史始于16世纪后期。有一天，年轻的伽利略（Galileo Galilei）被大教堂圆顶上的大古铜吊灯的摇荡迷住了。他一边数着自己脉搏的跳动，一边看着吊灯的来回摆动。他注意到吊灯来回的时间几乎是一样的，与摆动幅度的大小无关。这个早期的观察引发了他对单摆性质的研究。在此后几年，他发现了以下这些性质。

（1）单摆的周期（来回摆动一次）不依赖于摆动的幅度；

（2）单摆的周期不依赖于摆锤的质量（无论摆锤是由木头还是铅做成，都不会影响周期）；

（3）当绳子的长度确定时，单摆的周期便能确定，而且能据此测量时间；

（4）通过调整摆绳的长度，便可得到所需要的周期。

17世纪中叶，荷兰科学家惠更斯（Christian Huygens）探索了单摆的运动。他认识到，单摆的周期并不是精确地依赖于摆长，其间存在着细微的变化。他希望使单摆的运动精密化，达到完全等时的效果，从而可用于制作时钟。他发现，问题的解决有赖于对摆线做更深入的研究（当一个圆沿直线平稳滚动时，圆上一个固定点所走过的路线形成的曲线就是摆线）。在惠更斯做出此项发现之前，人们总是把单摆的运动与圆弧相联系。通过一些数学计算，惠更斯终于解决了摆绳长度的问题，使制造出的单摆的运动路线为摆线。据此，他终于制造出世界上第一台精密的摆钟。

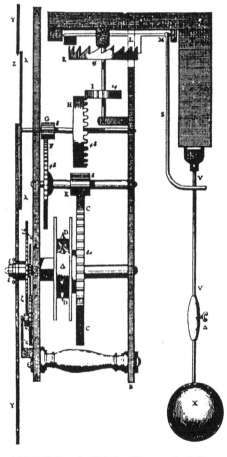

上面的单摆图解引自惠更斯1673年的著作

此图显示了摆线的钳口，这是惠更斯为了使单摆能在一条摆线弧上荡动而设置的

惠更斯的探索还表明，不同类型的单摆有种不同的用途。其中的一些如下。

● 旋转摆

它的摆动像旋转的轮子，实际上难以感觉到。

● 扭转摆

它的相应于垂直绳的部分由金属带做成。当它卷起来的时候便成为一个弹簧,上一次发条能走400天,被用在400天钟里。

● 双线摆

它是地震探测工作者克洛文发明的。双线摆对于测量朝地心方向的变化非常有效。双线摆可以证明,地球绕自身的轴转动(自转)不是固定不变的,时时都有轻微的增快或减慢。这些变化是由于太阳和月亮对地球的引力牵动所致。

● 傅科摆

它是法国科学家傅科(Jean Foucault)于1851年发明的。这种摆在自然历史博物馆里通常可以找到(在旧金山的金门公园里就有一个),它有一个巨大的摆锤。傅科摆能够证明地球的转动,当地球自转和绕太阳公转时,摆的摇动面的方向都将出现相应的变化。

用单摆做实验

(1)改变单摆启动时的高度以观察周期的变化;

(2)改变摆绳的长度并观察周期怎样改变;

(3)测试不同的摆绳长度,尝试制作出一个等时的单摆;

(4)证明摆锤质量的改变不会影响周期。

三层默比乌斯带

自1858年默比乌斯(Augustus Möbius)提出他那单边单面对象的模型以来，数学家和数学爱好者们便经常"品玩"默比乌斯带。他们的发现与原先的默比乌斯带同样令人着迷。下面是其中的两种模型，它们会产生同样的结果。

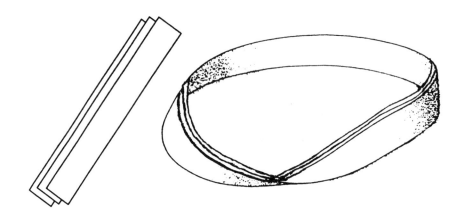

上图中的模型由三条宽度相等的纸带构成。中间的纸带具有不同的颜色。把三条纸带合在一起，同时扭转半圈，然后把它们的端头依次粘贴在一起，一个三层默比乌斯带便做成了。当该模型松开时，其结果可跟以下模型对照。

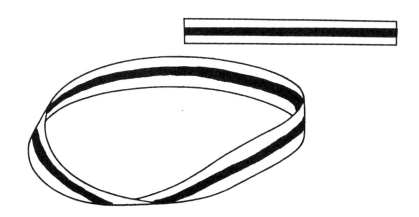

上图中的模型由一条宽纸带构成。在纸带宽度的中央三分之一的两面都涂上另一种颜色。现将其扭转半圈,并将端头粘贴在一起,形成一条默比乌斯带。然后用一把剪刀沿着色带的边剪开。试将得到的结果与前面的模型对照。

来自大海的数学宝藏

都说海洋是生命的摇篮。大海中的生命形式成为了数学思想的宝藏。

人们能够在贝壳上看到众多类型的螺线。有眼鹦鹉螺和鹦鹉螺化石给出的是等角螺线。

有眼鹦鹉螺

鹦鹉螺化石

梯螺

梯螺和其他锥形贝壳为我们提供了三维螺线的例子。

沙钱与五边形

海洋中充满了对称——轴对称可见于蛤壳、古三叶虫、龙虾、鱼类和其他动物身体的形状;中心对称则可见于放射虫类和海胆等。

海洋生物的几何形状也同样丰富多彩——在沙钱中可以见到五边形;在海星的尖端可以见到各种不同边数的正多边形;海胆的轮廓为球状;鸟蛤壳的形状类似

于圆的渐开线;在各种放射虫类中可以清楚地看到多面体的形状。海边的岩石在海浪天长地久的拍击下变成了圆形或椭圆形;珊瑚虫和可自由变形的水母则能够形成随机曲线或近乎分形的曲线。

圆的渐开线与鸟蛤壳　　　　　　放射虫类与八面体

黄金矩形和黄金分割比也经常出现在海洋生物上。只要哪里有正五边形,在那里就能找到黄金分割比。在沙钱的身上就有许多错综复杂的五边形。而黄金矩形则可以在带眼鹦鹉螺和其他贝壳类生物上找到。

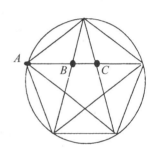

圆内接正五边形产生的五角星中就有黄金分割比。能形成黄金分割比的点族(例如 A, B, C)比比皆是($|AC|:|AB| = |AB|:|BC|$)

在海中潜泳可以给人一种真实的三维感觉。人们几乎能够毫不费力地游向空间的三个方向。

在海洋里我们甚至还能发现镶嵌的图案。为数众多的鱼鳞花样,便是一种完美的镶嵌。

海洋的波浪由摆线和正弦曲线叠加组成。波浪的运动似乎是永恒的。波浪有着各种各样的形状和大小,有时强烈得难以抗拒,有时又温顺平静柔和,

鱼鳞的镶嵌图案

但它们总是呈现出美丽的图案,而且为数学规律(摆线、正弦曲线和统计学)所控制。最后,难道没有理由认为恒河沙数曾经激发古人形成了无穷的思想?当我们对每一个数学思想进行深层次研究的时候,会发觉它们是复杂相关的。而每当在自然界中发现它们时,人们就获得了一种新的意义和联系。

数学中的结

初看之下很多人会想,结没有什么特别的地方,只是用来保持东西牢固罢了,就像绑鞋带或为小船装索具那样。但是在数学的世界里却有一个叫作纽结理论的完整领域,而一些新的发现使该理论与物理学世界直接联系在一起。

几个世纪来,结一直被艺术家们所运用,上图是达·芬奇
(Leonardo da Vinci)设计的一种错综难解的结的一部分

纽结理论是拓扑学的一个新近的分支领域。它起源于19世纪,并与开尔文勋爵(Lord Kelvin)的思想相关。开尔文勋爵认为:原子是一种在以太中存在的打结的漩涡,而以太则是充满空间的看不见的流体。他认为他能对这些结进行分类,并整理出一个化学元素周期表。尽管他的理论已经被证明是错误的,然而却促使纽结理论成为今天数学研究的热门课题。

人们每天所打的大多数结与数学中的结有什么区别呢?数学中的结是没有端点的圈,而且这种圈不能形成圆。数学家们试图对结进行分类,以便人们能够识别各种不同的结。下面是其中的一些重要想法,尽管它远不够系统:

● 结不可能在高于三维的空间存在。

● 最简单的可以打出的结是有3个交叉的三叶结,它分为左手和右手两种样式,两者互为镜像。

三叶结

● 只存在一种有4个交叉的结。

● 只存在两种具有5个交叉的结。

从左到右:第一个结有4个交叉,第二个结有5个交叉,第三个结有6个交叉,第四和第五个结有7个交叉

● 不多于13个交叉的结,不计镜像,其种数超过12 000。

● 下页图中的两个结是互为镜像的。你可能会这样想:它们既然是互反的,那么把它们放在一起岂不可以抵消? 试试看!(它们简单地互相穿过并保持不变。)

● 现在来看一种叫"谢法洛结"的假结(下图)。当绳子两头被拉直时,会出现什么情况呢?(结居然被解开了!)

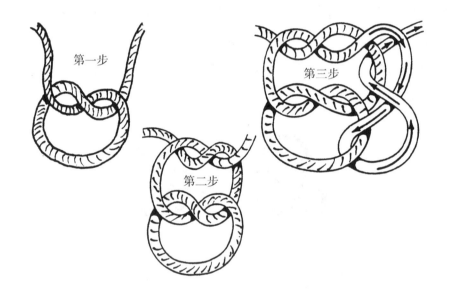

结的模型最初是为了研究它们自身而建立的。要检验两个结是否等价,只要用手操纵其中一个结,并力图使它变成另一个结的形状。如果这种变形能做到,就能证明它们等价;如果做不到,就不能得出等价的结论。

在拓扑学领域对结的研究主要是尝试解析它的各种性质。今天计算机已经进入了绘图的领域,几何巨型机项目①就是应用先进的计算机工艺,绘制出数学

① 一个国际性的数学家和科学家团体,他们经由电信网络在同一台巨型计算机上工作,用纯数学的方法去解决几何中富有挑战性的问题。《科学新闻》133卷第12页,1988年1月2日发布。——原注

方程和等式的三维视觉图像,例如环面的结和分形。

数学家们还发展了对结进行分类和检验的办法[1]。现在,他们只要看一下这些结的二维投影,便能写出一个方程来描述它[2]。

分子生物学及物理学的许多近代研究成果与纽结理论有着令人兴奋的联系。在这些领域,科学家们正用数学家在纽结理论方面找到的新技巧来研究DNA结构。研究发现,DNA链能够形成圈或结。据此,科学家们能够判定所见到的一段DNA链是否曾经以另一种纽结的形式出现过。他们还制定出一系列连续的步骤,将DNA链变形为一种特殊的模式,从而预测未观察到的DNA结构。上述发现对于基因工程学大有帮助。类似地,在物理学里,纽结理论对于研究结状粒子的相互作用也大有帮助。

结的结构可用于描述不同类型的可能出现的交互,而这些正是纽结理论的发现和应用的开端。

---

[1] 一个"结"如能变形为无扭转、无自交的形式,即变为一个圈,那它就不是结。——原注

[2] 第一个这样的方程是亚历山大(John Alexander)于1928年写出的。20世纪80年代,琼斯(Vaughan Jones)在结的方程方面又做出了更多的发现。《科学新闻》133卷第329页,1988年5月21日发布。——原注

变脸四方筒

许多数学思想是偶然间发现的,可能当时正在探索的是一个完全不同的问题——一个谜题,一个游戏,甚至是一个折纸游戏。六面变脸六边形折纸的发明者斯通就是这样,他在研究变脸折纸的过程中发明了另一些使人迷惑不解的物体,其中之一就是变脸四方筒。它看起来像一个扁平的变脸折纸,打开后成为一个筒。图中的虚线表示折痕。斯通发现这个筒能够沿折痕折曲,并将内部翻转到外面来。

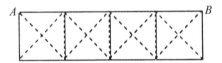

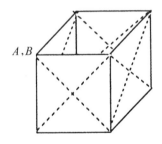

先沿虚线翻折矩形纸带,然后再把两端用胶带粘在一起,形成右图所示的方筒。问题是:如何只沿折痕折叠而把方筒的内部翻转到外面来

变脸折纸的其他一些种类也相继被发现,如三面变脸四边形折纸、四面变脸四边形折纸、六面变脸四边形折纸等等。

变脸折纸的创作原是为了娱乐和新奇。然而它们那些令人迷惑的性质,却吸引数学家花费大量的时间去发现新的变脸折纸、变脸折筒,以及这些新事物的性质。虽说目前的研究还只停留在发明或发现上,谈不上有什么实际用途,但客观上还是为人们提供了一些有趣和错综复杂的操作,成为一种智力上的练习。

富兰克林的幻直线

> "在我年轻的时候,我一有空暇(我一直认为我应该更加有效地利用它),总是以制作幻方而自娱。"
>
> ——富兰克林(Benjamin Franklin)

20世纪初,建筑师布拉格登(Claude F. Bragdon)发现了如何应用幻方去构造一幅令人喜爱的艺术图案。依次连接幻方中的数,一种对称的图案便被创作出来,人们称之为"幻直线"①。右图是由富兰克林幻方所形成的幻直线。

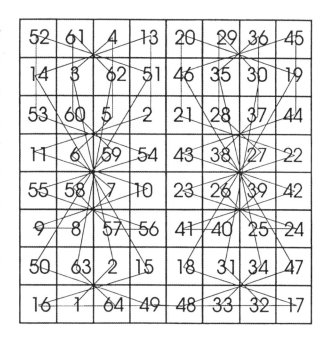

52	61	4	13	20	29	36	45
14	3	62	51	46	35	30	19
53	60	5	2	21	28	37	44
11	6	59	54	43	38	27	22
55	58	7	10	23	26	39	42
9	8	57	56	41	40	25	24
50	63	2	15	18	31	34	47
16	1	64	49	48	33	32	17

---

① 幻直线不是一条直线,它相当于一系列的线段,这些线段的两端依次连接幻方中的数,并因之形成一种对称的图案。——原注

"0"和"零"的起源

我们经常用一些符号和词来表达特定的含义。数学中的大量符号和术语，是经过千百年演化而形成并为人们逐渐习惯。词"零"和符号"0"提供了这类演化的一个最好的例子。零这个概念的演变有着它自身的历史，我们在这里只是概略地谈谈表示它的词和符号的历史发展。

$$O$$
$$ZERO$$

符号"0"最初出现在公元870年前后印度人的著作中。"0"有许多含义，如数零（英语zero）、数轴的起点、数系中的占位符、加法单位元等等。起初，印度词语"sunya"只有"空白"和"无"的意思。到了公元9世纪，它又被用作数系中的占位符。阿拉伯人把这个词翻译成阿拉伯语时写为"as-sifr"。到了13世纪，阿拉伯词"sifr"由内莫拉里乌斯（Nemorarius）介绍到德国，写为"cifra"。这个词后来又被译为拉丁文"zephirum"。在意大利，该词变成了"zeuero"，它已经很像英语中的词"zero"了。而"zero"译成中文就是"零"。

星　盘

星盘最早由希腊人发明,后经伊斯兰教徒改良,用以测量太阳或其他星体的仰角。星盘常与星图配合使用,通过若干推算便能测定日出、日落、纬度、祈祷时间,以及伊斯兰朝圣者前往圣地麦加的方向。

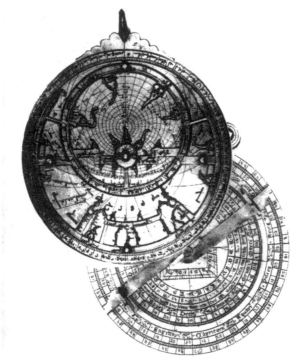

星盘——世界的怀表和计算尺

八棋子谜题

这个古老的谜题,多年前曾被改造成棋类游戏出售。把8枚棋子放在64格的棋盘上,摆放方法超过了400万种。

现在请你把8枚棋子放在棋盘格子上,使得没有两枚棋子摆在同一行、同一列或同一对角线上。

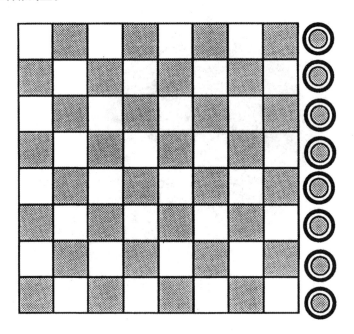

(一种解答见附录)

棒 条 游 戏

棒条游戏妙在任何地方都可以玩。游戏不需要专门的棋盘或棋子,但玩家需要有一双敏锐的眼睛。游戏开始时,用31根小棒排成下图所示的样式。

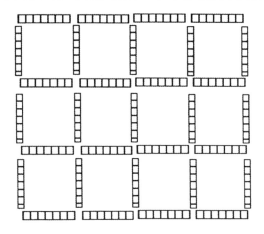

两人轮流拿走小棒,每个人每次拿走的小棒数目不限,只要它们彼此邻接就行。

例如,在右图所示的情况下,由于小棒1和2不邻接,所以不能直接同时拿走它们。但你可以这样拿:先拿走1,然后依次拿走A,B,C,D,E,最后拿走2。

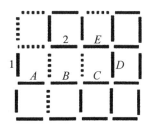

谁拿走最后一根小棒就算谁赢。

玩得愉快!

圆帮了狄多
女王的忙

古罗马诗人维吉尔(Virgil)让我们知道了狄多女王(Queen Dido)的故事。狄多女王是泰尔王的女儿,在她的兄弟谋杀了她的丈夫之后被迫逃往非洲。在那里,她乞求当地土著王伊阿巴斯(Iarbas)给她一些土地。出于对其请求的疑虑,伊阿巴斯问她希望要多大的土地。狄多女王回答说,她所要求的只是一张牛皮所能围起来的地方。这似乎是一个微不足道的请求,所以伊阿巴斯答应了她。

这个精明的女人把牛皮切成细细的条子,并决定用它们围出一个最大的面积,即围成一个圆①。在这上面她建立了毕尔萨(意为牛皮)城,此后该地以迦太基闻名。

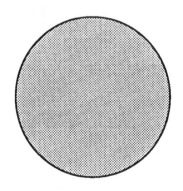

---

① 也有传说她用牛皮条沿海岸线围了一个半圆。不管怎样,都是圆帮了狄多女王的忙。——译注

与一个圆等周长的正方形,它所围的面积比圆的面积小。

证明:

假定正方形的周长为 x,则它的边长为 $\dfrac{x}{4}$,而它的面积为:

$$\left(\dfrac{x}{4}\right)^2 = \dfrac{x^2}{16}。$$

一个周长为 x 的圆,其直径等于 $\dfrac{x}{\pi}$,从而其半径为 $\dfrac{x}{2\pi}$,面积为 $\dfrac{x^2}{4\pi}$。

由此可知,正方形面积 $\dfrac{x^2}{16}$ < 圆面积 $\dfrac{x^2}{4\pi}$(因为 $16 > 4\pi$)。

割圆曲线

割圆曲线是在研究古代三大作图问题（化圆为方、三等分角和倍立方）过程中得到的一种数学成果。

大约在公元前420年，希皮亚斯（Hippias）发现了割圆曲线，并发现它可以用于解决三等分角和化圆为方两个问题。

割圆曲线可由以下方法形成。

作一个正方形，它的底边为 AB。让 AB 从底边的位置开始，沿逆时针方向以一个固定的角速度绕点 A 旋转。与此同时，另一条平行于 AB 的线段（其端点位于 AD 和 BC 上）也从 AB 开始，以一个固定的线速度垂直向上运动。这两条运动线段的交点所形成的便是割圆曲线。

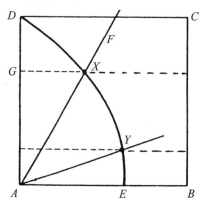

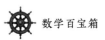

在下图中,以下的比总是相等的:

$$\frac{\angle XAE}{\angle DAB} = \frac{|XX'|}{|DA|}。$$

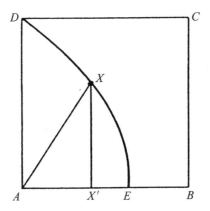

下图显示了割圆曲线上的一些点,如 D,K 和 E。水平的虚线段表示以固定的线速度运动的那条线段,而沿圆弧 $\overset{\frown}{DFB}$ 所引的半径表示以固定的角速度运动的那条线段。它们的交点 D,I,J,K,L,M,E 是割圆曲线上的点。

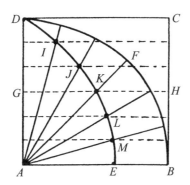

卡罗尔的窗户谜题

　　道奇森(Charles Dodgson)是一位数学家,他的另一个名字刘易斯·卡罗尔(Lewis Carroll)比他的原名更加出名,因为这是他创作《爱丽丝漫游奇境记》和《爱丽丝镜中奇遇记》时所用的笔名。下面是他发现的众多谜题之一。

　　这扇窗户透过的光线过多,要怎样去改变它,才能使得窗户依旧保持正方形,但只透过一半的光线? 不能用窗帘或其他的东西去覆盖,而且窗户的高度和宽度必须保持原来的3英尺①。

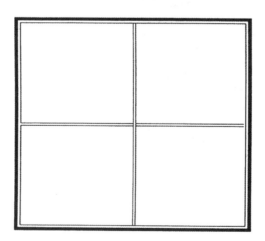

　　(答案见附录)

---

① 1英尺＝30.48厘米。——译注

分形时间

我们常常认为，无生命的东西是动弹不得的。然而，风、海浪、河流的运动明显可见，甚至玻璃、岩石、塑料等等也会有一定的运动。事实上，任何物质都处于运动状态，只是有些运动是发生在分子级的水平上，我们看不见或无法直接测量而已。人们也很少将物体的腐坏与运动联系起来，其实这是分子运动或再结合的结果，尤其当它们处于不同的外部环境之下时（例如压力、温度、电场或磁场等）。如今在工业上研究这类变化非常重要，因为生产出的产品，如塑料、玻璃、橡皮、生丝等等，其相关变化决定了产品的有效期。

在晶体物质中，变化以指数的比率发生，类似于放射性物质的半衰期。非晶体物质（无定形物质）的分子变化或运动的时间跨度很大，有些是以秒计，而另一些则以年计。这些非晶体物质的重组现象，能够用术语"分形时间"加以描述。"分形时间"基于与分形同样的思想。一个几何分形细微部分的放大，即为其大形状的复制。考虑以这种形式复制的时间。一个物质分子从重组到出现差异的时间间隔，类似于分形复制过程，从而时间也类似地依赖于该物质在上述步骤中呈现的景象。这样，分形的数学在研究物质变化的过程中便担负了重要的角色，而有关的发现和成果也将用于工业生产上，以改进产品的有效期。

编码与密码

对密码的研究延续了若干世纪。最早的例子可以追溯到古代的斯巴达。那时,斯巴达人用一根木棍和一条牛皮或羊皮带书写秘密的消息。皮带以螺旋式紧紧地绕在木棍上,然后将消息写在上面。当卷着的皮带打开时,出现在皮带上的就是一些毫不相干的字母。要得到秘密消息,只有将它卷在一根大小和形状与原来一样的木棍上才行。

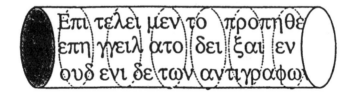

在随后的几个世纪,一些人致力于创造代码、密码和加密设备,而另一些人则进行着解码、解密的工作,涌现出许多生动的故事和例子。凯撒(Julius Caesar)有时会用替换字母的办法来密写消息,他将每个字母按字母表上的顺序往下移一个固定的数目。伊斯兰教徒最早开展了有组织的破译工作。一些欧洲国家在文艺复兴时期建立了专门的机构,从事破译其他国家秘密文件的工作。虽然在14、15世纪已经出现了一些这方面的专著和论文,但大部分卓有成效的先进密码编译工作是在20世纪进行的。这里我们介绍两位著名密码专家威廉·弗里德曼(William Friedman)和伊丽莎白·弗里德曼(Elizebeth Friedman)的工作[1]。

随着密码设计的发展,人们开始用机器进行编码、解码和破译,机器和密码之间的联系变得更加密切。这些机器能将信息重新加以构造,千变万化的密码设计在第二次世界大战中担负着重要的角色。例如,在没有获取相关装置的信息及零部件的情况下,威廉·弗里德曼小组几乎完全重建了日本的"紫色密码机",这就为同盟国提供了无价的信息。同一时间另一些值得注意的成就是:英国数学家图灵(Alan Turing)破译了号称固若金汤的德军"恩尼格玛"密码;美国海军破译了日本舰队的代码。如今,报纸披露的伊朗门丑闻等,也会将一些高级的安全性设备介绍给大众。近日,通过设法打乱信号的波长,密码还被用于确保最高级秘密电话的安全。畅销小说《玫瑰的名字》中就有用密码交往的情节,该小说还被改编为电影。

上图引自基普林(Rudyard Kipling)的《这样的故事》一书中的"首字母"。基普林写道:"这些环绕着象牙书写的字母真是不可思议——它们是古代北欧的文字——如果你能读懂它,那么你就会发现一些新的东西。"这些字母实际上应用了一种替换式密码。

[1] 威廉·弗里德曼和伊丽莎白·弗里德曼最初从事的工作与编码、解码无关。当时威廉是一位遗传学专业的毕业生,伊丽莎白则毕业于英语专业。1915年,他们在费边(George Fabyan)上校的劝说下加入了他的"河岸科学实验室",从事特殊领域的研究工作。其中一项特殊的工作是:试图证明培根(Francis Bacon)才是莎士比亚(William Shakespeare)著作的真正作者,这项工作把他们带进了密码研究的领域。1916年冬天,他们满怀热情地钻研了所有能找到的与密码有关的文件及点滴信息。借助于伊丽莎白的无线电解码工作,美国司法部成功破获了20世纪30年代的一系列毒品案。而威廉则在两次世界大战期间为美国政府做出了不可估量的贡献。他的工作和著述(有些仍属于机密信息),超越了单纯计算字母频率的老方法,发展了密码研究领域,革命性地将统计技巧引入了编写和破译密码的过程中。——原注

编码、密码或暗语,其自身都是一系列逻辑问题。对特定类型的问题,都有不同的处理方法和手段。因此,了解一些编码和密码的工作原理,当大家遇到类似需要解决的问题时就会有帮助。

前面我们看到斯巴达人是如何使用木棍来传递消息的。其实,打字机的键盘安排也可以用作密码设计。密码栅是一种带孔的卡片,它是17世纪的黎塞留(Cardinal Richelieu)发明的加密设备。将卡片贴在一张看似普通的纸条上,透过孔洞就能看到加密的信息。杰斐逊(Thomas Jefferson)也开发了一种加密设备,它是一个圆筒形的器件,上面装有36个滚轮,每个滚轮上都带有一串字母,各个滚轮互不影响,独立转动。今天,我们已经有了最先进的编码和解码工具,那就是我们的电子计算机。当这些现代化的工具由专家来使用时,其威力将是无与伦比的。

了解编码和密码是怎样创建的,是研究解码和破译的基础。它像解一道数学难题一样,需要坚韧和智巧。从本质上讲,它是一种特殊类型的数学问题。历史已经表明,解这些问题的目的不仅仅是娱乐。其中一些问题与战争的转折相关,另一些问题则关系到解开医学和遗传学中的奥秘,例如洞悉DNA分子链的双螺旋结构。最后,密码及其破解工作都与交流的方式直接关联——无论是破译古埃及象形文字、创造人工智能,还是从外太空接收和译解信号,都不例外。

密码系统的类型

(1)换位式密码

保持消息的原始字母,但以某种系统的方式改变它们的位置关系。如原始消息为 Meet Martha on Monday in front of the bridge(星期一在桥前与玛莎会面),我们可以用下面的方式将其打乱:先把每个单词倒写,然后每隔3个字母断开,成为 tee mah tra mno yad nom nit nor ffo eht egd irb。不过以这种方式转换的密码是相当容易破解的。

下面尝试一种不同的花样。例如,将原始消息排成如下两行。

M T R A M D I R T T B D

EE MA TH ON ON AY NF ON OF HE RI GE

现在先写下面一行字母,再写上面一行字母,然后将它们每隔5个字母断开,最后一组如果不够5个字母,则用随便什么字母充数顶足5个,这样便得到:

EEMAT HONON AYNFO NOFHE RIGEM TRAMD IRTTB D*FGHR*

这种密码就变得有点难于破译了!

把原始消息写在一个正方形棋盘格子里是另一种创造换位式密码的方法。接下去要做的就是设计一条贯穿这些字母的线路。

(2)替换式密码

在单一字母替换法中,每个字母被另一个单独的字母所替换。例如,将字母表里的字母序列替换为打字机键盘上的字母序列(当然你也可以选择其他方式)。于是,

A B C D E F G H I J K L M

N O P Q R S T U V W X Y Z

替换为:

Q W E R T Y U I O P A S D

F G H J K L Z X C V B N M

原始信息:MEET MARTHA ON MONDAY

替换为:DTTZ DQKZIQ GF DGFRQN

如果使用凯撒的方法,将每个字母按字母表上的顺序往下移三位,我们会得到:PHHW PDUWKD RQ PRQGDB

使用一个关键词是另一种替换技巧。假定我们选的词是MATH,然后

A B C D E F G H I J K L M N O P Q R S T U V W X Y Z

替换为:

M A T H B C D E F G I J K L N O P Q R S U V W X Y Z

于是,原始信息:MEET MARTHA ON MONDAY

替换为:KBBS KMQSEM NL KNLHMY

多字母替换法比单一字母替换法更常用于设置密码消息,此时不同的符号能够代表同一个字母,而同样的符号也能代表不同的字母。这种系统最早由14世纪的法国密码专家维吉尼亚(Blaise de Vigenere)加以描述。例如,选一个关键词:MATH,并按如下步骤操作。

重复关键词,并把消息内容列在重复的关键词下面(最后的G和F是凑进去充数的字母)。

MATHM ATHMA THMAT HMATH

MEETM ARTHA ONMON DAY*GF*

从下表中查到字母对应的代码:

YEXAY AKATA HOYOG KMYZM

表中字母的设置几乎像在直角坐标平面上定位点一样。如单词MEET中的第二个E,对应上一行词MATH中的字母T,因此要在水平字母表(x轴)中找出T,并在垂直字母表(y轴)中找出E,两者的交叉点在表中为X,此即所求的代码。

	ABCDEFGHIJKLMNOPQRSTUVWXYZ
A	ABCDEFGHIJKLMNOPQRSTUVWXYZ
B	BCDEFGHIJKLMNOPQRSTUVWXYZA
C	CDEFGHIJKLMNOPQRSTUVWXYZAB
D	DEFGHIJKLMNOPQRSTUVWXYZABC
E	EFGHIJKLMNOPQRSTUVWXYZABCD
F	FGHIJKLMNOPQRSTUVWXYZABCDE
G	GHIJKLMNOPQRSTUVWXYZABCDEF
H	HIJKLMNOPQRSTUVWXYZABCDEFG
I	IJKLMNOPQRSTUVWXYZABCDEFGH
J	JKLMNOPQRSTUVWXYZABCDEFGHI
K	KLMNOPQRSTUVWXYZABCDEFGHIJ
L	LMNOPQRSTUVWXYZABCDEFGHIJK
M	MNOPQRSTUVWXYZABCDEFGHIJKL
N	NOPQRSTUVWXYZABCDEFGHIJKLM
O	OPQRSTUVWXYZABCDEFGHIJKLMN
P	PQRSTUVWXYZABCDEFGHIJKLMNO
Q	QRSTUVWXYZABCDEFGHIJKLMNOP
R	RSTUVWXYZABCDEFGHIJKLMNOPQ
S	STUVWXYZABCDEFGHIJKLMNOPQR
T	TUVWXYZABCDEFGHIJKLMNOPQRS
U	UVWXYZABCDEFGHIJKLMNOPQRST
V	VWXYZABCDEFGHIJKLMNOPQRSTU
W	WXYZABCDEFGHIJKLMNOPQRSTUV
X	XYZABCDEFGHIJKLMNOPQRSTUVW
Y	YZABCDEFGHIJKLMNOPQRSTUVWX
Z	ZABCDEFGHIJKLMNOPQRSTUVWXY

还有更为复杂的单音双字母替换法,是将字母配对后再进行处理。有些密码系统甚至用上了音节、短语、句子、段落,乃至于专用的密码本。

(3)换位与替换组合式密码

这种方法可以设计得非常复杂,但也并非不可破译,前提是获取的信息要有足够的数量。

失之毫厘，
谬以万亿里

1990年4月24日,哈勃空间望远镜随"发现者号"航天飞机发射升空。从本质上讲,这是美国宇航局在地球大气层上方设置了一个天文台。虽然地球上有许多用于观测的大口径望远镜,但大气层的干扰限制了它们的功能。哈勃空间望远镜是在真空中操作的,从而能看到更加遥远的空间,而且看得更加清晰。

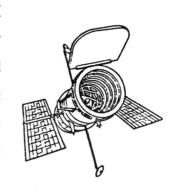

哈勃空间望远镜重约25 500磅[①],长43英尺,直径14英尺,能够观察到许多其波长在地球上难以看见的物体。望远镜以天文学家哈勃(Edwin Powell Hubble)的名字命名,而哈勃是第一个找到宇宙膨胀的直接和可靠证据的天文学家。哈勃还推导出一个公式,帮助天文学家通过测量天体的运行速度来估算它与地球的距离。

正如早期的水手们靠观测星星来导航一样,哈勃空间望远镜也需要参照一些星体来定位观察对象。不幸的是,一些微小的数学偏差使第一批太空照片被浪费了。原来,天文学家在设计望远镜的指向构造时,采用了1950年制作的星

---

① 1磅≈454克。——译注

图。然而,对地球来说,经过了40年,星星的位置移动了。认识到这个错误之后,科学家们立刻着手调整望远镜的结构。他们并没有减少什么设备,而是加上了一个校正量以平衡错误。在天文学中,半度的错误①,会导致望远镜产生万亿里的差别。

---

① 1度＝60角分。天文学家通常从18角分观察到36角分,而不是从18角分回到0角分。——原注

森林火灾中的数学

　　"相互作用粒子系统"作为概率论的一个分支始于20世纪60年代后期,这是一个有待扩展的数学疆界。数学模型和计算机模拟是研究各种自然偶发事件蔓延情况的有效手段。

　　数学家将各个随意分散的个体(如树木)集合在一起建立模型,并把它们描画在棋盘式的方格纸上。每个做记号的单个或成片的小格都表示树。这些小格要么显示被烧过了,要么显示正在燃烧,要么显示火势没有触及。时间每增加一

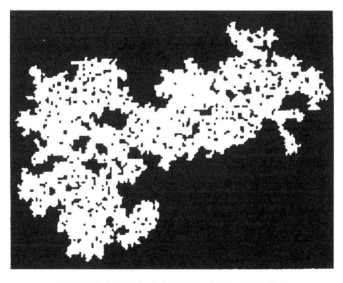

计算机生成的森林火灾面积和火势蔓延的情况

个单位,正在燃烧的小格以某种概率向与它相邻的四个小格蔓延,除非周围的小格都已被烧过。

正如大家看到的那样,这些模型不如现实境况那样复杂。类似的模型也可用于研究传染病的蔓延,在这种情况下每个小格表示一个个体,或健康,或被传染,或免疫。

数学家们研究不同情况下事件发生的概率,并用计算机对这种概率下的过程进行模拟。随着更为复杂的情形被添加到数学模型中,得到的结论和预测对于人们了解和驾驭自然现象必将起到重要的作用。

π 的早期估算与表示式

公元前1700年,古埃及人根据他们的圆面积公式 $A = \left(d - \dfrac{d}{9}\right)^2$,估算出 π 的值为 $\dfrac{256}{81} = 3.160\,50\cdots$

阿基米德(Archimedes)证明了 π 是在 $\dfrac{223}{71}$ 和 $\dfrac{22}{7}$ 之间,即在 $3.140\,845\cdots$ 与 $3.142\,857\cdots$ 之间。

在《圣经·列王纪上》7.23节中写道:

"他又铸一个铜海,样式是圆的,高五肘,径十肘,围三十肘。"

我们看到,这里圆的直径为10肘,周长为30肘,由此得出 π = 3。

中国古代的张衡给出 $\pi = \dfrac{730}{232} = 3.1465\cdots$

1592年,法国数学家韦达(François Vieta)将 π 表示为

$$\pi = 2 \cdot \left(\cfrac{1}{\sqrt{\tfrac{1}{2}} \cdot \sqrt{\tfrac{1}{2} + \tfrac{1}{2}\sqrt{\tfrac{1}{2}}} \cdot \sqrt{\tfrac{1}{2} + \tfrac{1}{2}\sqrt{\tfrac{1}{2} + \tfrac{1}{2}\sqrt{\tfrac{1}{2} + \cdots}}}} \right)。$$

1655年,英国数学家沃利斯将 π 表示为

$$\pi = 4 \cdot \left(\frac{2 \cdot 4 \cdot 4 \cdot 6 \cdot 6 \cdot 8 \cdot 8 \cdot 10 \cdot 10 \cdot 12 \cdot 12 \cdots}{3 \cdot 3 \cdot 5 \cdot 5 \cdot 7 \cdot 7 \cdot 9 \cdot 9 \cdot 11 \cdot 11 \cdot 13 \cdots} \right)。$$

德国数学家莱布尼茨(Gottfried Leibniz)给出了

$$\pi = 4 \cdot \left(1 - \frac{1}{3} + \frac{1}{5} - \frac{1}{7} + \frac{1}{9} - \frac{1}{11} + \frac{1}{13} - \frac{1}{15} + \frac{1}{17} - \frac{1}{19} + \cdots \right)。$$

1873年,英国数学家尚克斯出版了第一本估算π值的书,书中他把π的值求到了小数点后707位。由于当时没有有效的计算机器,可想而知这是一项何等单调乏味的工作。不幸的是,1945年,英国人弗格森(D. F. Ferguson)证明尚克斯的π值从第528位以后都是错的。1948年,美国的小弗伦奇(John W. French Jr.)和弗格森发表了π的808位小数值,成为人工计算圆周率值的最高纪录。

现代计算机革新了对π的估算,π值的位数正在不断延续。

毕达哥拉斯三元组

有能产生毕达哥拉斯三元组①的公式吗？古希腊人研究了这个问题。下面是他们的发现。

如果 m 是一个奇自然数，那么

$$\left(\frac{m^2+1}{2}\right)^2 = \left(\frac{m^2-1}{2}\right)^2 + m^2,$$

这将给出一组毕达哥拉斯三元组。

$$a, b \ \& \ c \longrightarrow a^2+b^2=c^2$$
$$5, 12 \ \& \ 13 \longrightarrow 5^2+12^2=13^2$$

例如，把 $m=17$ 代入公式，得 $145^2=144^2+17^2$。17,144,145 就是一个毕达哥拉斯三元组。

这个公式出自毕达哥拉斯学派，而另一种形式则是柏拉图（Plato）设计的，在该公式里 m 可为任意正整数。

柏拉图的公式是：

---

① 一个毕达哥拉斯三元组是一个由三个数组成的集合，且满足其中两个数的平方和等于第三个数的平方。——原注

$$\left(m^2 + 1\right)^2 = \left(m^2 - 1\right)^2 + (2m)^2,$$

这里 m 是一个正整数。

上述公式能给出所有的毕达哥拉斯三元组吗?

(尝试 $7,24,25$。由于 m^2+1 与 m^2-1 差 2,所以数组 $7,24,25$ 不可能由柏拉图公式给出,因为 24 和 25 只差 1。)

欧几里得求毕达哥拉斯三元组的方法是:

如果 x 和 y 是整数,又 $a = x^2 - y^2, b = 2xy, c = x^2 + y^2$,那么 a, b, c 是使得 $a^2 + b^2 = c^2$ 的整数。

将这些公式组合起来,能产生全部的毕达哥拉斯三元组!

毕达哥拉斯定理的一个拓展

尽管毕达哥拉斯定理已经存在了两千多年,但各种证法和思路依然不断涌现,而且始终令人着迷。有各种各样陈述这个定理的方法。

例如

给定一个直角三角形,它两条直角边长的平方和等于斜边长的平方。

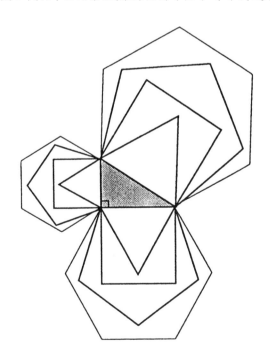

或者

给定一个直角三角形，以两直角边为边长的正方形面积的和，等于以斜边为边长的正方形的面积。

现在让我们看一看后一种形式的一种变化。假如把以直角边为边长的正方形面积，以及以斜边为边长的正方形面积，用其他相似图形的面积来替代，那么定理依然成立。下面是对半圆情形的证明。

以 a 为直径的半圆面积是：

$$\frac{1}{2}\pi\left(\frac{a}{2}\right)^2 = \frac{\pi a^2}{8}。$$

以 b 为直径的半圆面积是：

$$\frac{1}{2}\pi\left(\frac{b}{2}\right)^2 = \frac{\pi b^2}{8}。$$

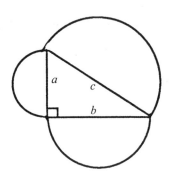

以 c 为直径的半圆面积是：

$$\frac{1}{2}\pi\left(\frac{c}{2}\right)^2 = \frac{\pi c^2}{8}。$$

于是有

$$\frac{1}{8}\pi\left(a^2 + b^2\right) = \frac{1}{8}\pi c^2。$$

对于其他的相似图形，也能用类似方法证明吗？

打一个多边形的结

折叠纸条可以产生许多有趣的数学模型。让我们看看怎样用一张纸条折出五边形和六边形。

拿一张纸条，如右图所示进行简单打结，一个五边形令人惊异地形成了。

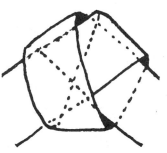

六边形同样容易折出。拿两张纸条各打一个平结，然后如下图所示将两个平结套在一起，一个六边形的结就形成了。

不妨试试用纸条折出其他多边形。

黎曼几何的世界

几乎从欧几里得提出第五公设(也称平行公设)以来,数学家们就感到它不像公设,而是能够加以证明的。

1854年,黎曼(Georg Bernhard Riemann)发表了一篇关于球面(或椭圆)几何的论文,文中对平行公设作了以下否定性陈述:"过不在直线上的任一点,不能引一条直线与已知直线平行,"这相当于对平行公设的否证①。黎曼还尝试了改变欧几里得其他公设的陈述,如将"直线可以向两端无限延伸"改为"直线没有端点,但并非无限长",也就是说,直线虽然没有端点,但却具有有限的长度。在球面几何中,这种性质是成立的,因为在球面上所有的"直线"都是大圆②。研究球面时,你会注意到任意两个大圆必定相交于两点,这意味着没有两条"直线"(大圆)是平行的。在球面几何中,我们还发现一个三角形的内角和大于180°,而且内角和会随着三角形面积的增大而增大。

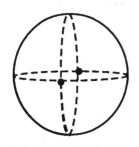

在球面几何中,所有"直线"都是大圆,两"直线"相交于两点,且没有两条"直线"互相平行

这样的世界在哪里存在? 莫非它就是我们的宇

---

① 平行公设的一种陈述是:过不在直线上的任一点,有且只有一条直线与已知直线平行。——原注
② 一个大圆是指球面上以球心为圆心的圆。——原注

宙？如果宇宙的质量足够大，使得引力能让它猝然停止宇宙大爆炸以来的膨胀，并进而收缩变小，最终形成一个球的形状。这个球状的宇宙历经几十亿年之后，会缩成一个点一般大小，这个点具有无限的热量和密度。如果引力的大小不足以使宇宙收缩，那么大概它会达到一个平衡点，此时膨胀恰好停止。

有没有两片一样的雪花

漫步在雪花纷飞的原野,你会感到置身于一个奇妙的几何形状的世界。雪花可能是自然界中具有六角形对称的最为令人兴奋的例子。

研究一下所看到的雪花晶体,你会发现它们可以是柱状、针状、片状或块状等几乎无限的成型方式,这让人们普遍认为没有两片雪花是一样的。然而,1986年11月1日,美国科罗拉多国家大气探测中心的奈特(Nancy C. Knight)在一块玻璃板上收集到了世界上第一对完全相同的雪花。这块玻璃板涂着油脂,被放在威斯康星州沃索市的20 000英尺高空滞留了11秒。玻璃板始终保持冷冻,直至飞机着陆并对晶体完成照相。这两片雪花是柱状晶体,人们称之为"网格"。

在1988年5月刊登于《美国气象学报》的一封信中,奈特写道:"人们引用最多的关于雪花晶体的论断之一,是没有两片雪花是一样的。这已为许多饱学之士所认可,甚至在该领域的专家也没提出什么异议。"但奈特发现了"一个引人注意的例子,这两片雪花即使不是完全相同的,至少也是极为相像的。"

她继续写道:"在多年来对雪花晶体的收集中,笔者既没有看到其他类似这样的晶体,也没有在标准参照物中找到它。"

试问,能够算出这种现象发生的概率吗?

计算机与艺术

古往今来的历史表明,艺术家和他们的作品无不受到当时的数学知识及其运用的影响。我们发现,黄金矩形和黄金分割比在古希腊艺术,特别是著名雕塑家菲狄亚斯(Phidias)的作品中得到了有意识的运用。数学的概念,诸如比和比例、相似、透视、射影几何、视幻觉、对称、几何形体、图案和花样、极限和无限,以及现今的计算机科学等等,对从古到今的艺术发展有着深刻的影响。

如果艺术家没有运用相关的数学知识,有些艺术作品是不可能创造出来的。例如,由穆斯林艺术家创作的镶嵌图案,以及这种几何形式的扩展,包括埃舍尔(M. C. Escher)的生动作品。如果艺术家没有融入他们对比例、镶嵌等方面的研究和发现,以及采用了全等、对称、反射、旋转、几何形式的转换等概念,是不可能产生真正的艺术的。埃舍尔曾经用自己发明的周期性规则来设计填满空间的曲线,但他最初对这种镶嵌艺术的努力失败了,就是因为当时他还没有掌握所需要的数学知识。

丢勒(Albrecht Dürer)等艺术家,有时采用基于射影几何的机械装置来创造自己的一些作品。今天,艺术

透视绘画器

家们正在探索一种新的艺术形式和媒介,那就是与数学相关联的计算机。初期的计算机艺术由数学家、科学家和工程师联手打造,就是没有艺术家参与其中,大量涌现的是一些曲线编织、视幻觉及直线作品。

今天,计算机在商业艺术方面也起着重要的作用。一个熟练的计算机艺术家利用先进的计算机和软件,能够将生动的艺术加以改变以适用于广告。这种改变可以是风格上的多重变化,不同色彩的引入,比例尺的放缩、旋转和翻转,物体不同部分的复制等等,而且在几分钟内便能完成。所有这些变化如果放在过去的绘画艺术家手中,即使没有花上几天也要花上好几个小时。

利用今天先进的计算机和软件,达·芬奇也许会在一台计算机上画出这张草图

工程师、建筑师和其他设计师在他们的创作中毫不犹豫地接受和使用了计算机。只要轻轻按动鼠标,便能对一座建筑的设计进行修改,而一架飞机也能随意转动并显示所有可能的角度,此外还能方便地增加断面、添加或去掉零件等等。在过去,这样的工作是十分缓慢和辛苦的。

几个世纪以来,艺术家们总在寻求不同的媒介以进行艺术创造——水彩画、油画、粉画等等。有些艺术家感到计算机是一种人为的手段,它缺乏自由构思,因而他们宁可直接用手操控选择的媒介,也不愿用键盘和屏幕,或者用触针、写字板和屏幕以电子的方式工作。另一种观点则是,电子计算机的出现宛如一种全新挑战。

由于计算机软件和硬件的改善,颜色能够在屏幕上混合起来。刚直的线条也能用任意形状的曲线使之显得柔和。一幅油画能够变得有水彩画的效果,而且画笔的形状也能够在一念之间加以改变。微小的区域能够很容易地放大并进行修改。作品中的各个部分能够擦掉、切除或挪到其他地方。艺术家对他们的作品有绝对的控制权。完成的作品能显示或打印在屏幕、纸张或胶卷上。胶卷上的作品可任意放大,说不定未来的打印机能被设计成可以打印出艺术家所创作的作品质地,又或者我们可以将其本身看作一种新的质地。

受人尊敬的艺术家们已经在著名的国际画廊展示计算机艺术,并将它们贴上"计算机艺术"的标签。这类作品通常仅仅标上"艺术"就行了。

对于在艺术作品中应用计算机,达·芬奇会怎么想呢? 从他对革新的热衷[①],可以设想他不会嫌弃计算机的应用。他曾说过:"……任何人类的探究活动都不能被称为科学,除非它采用的是数学阐述与论证。"他的作品反映了这样的思想,而且在他的艺术中得到了延伸——例如,在他的许多作品中都运用了黄金矩形,而在一些传世佳作中更是运用了射影几何的概念,比如《最后的晚餐》。艺术形式本身没有高下之分,只是特点不同。艺术家可以自由地选择他们所钟爱的手段和媒介。

---

① 达·芬奇的笔记和种种革新方法,常被艺术家们用以促进和提高自身作品的水准。他对数学的爱好,导致他创造出各种类型的两脚规,这些两脚规能够画抛物线、椭圆和比例图形。他也钟情于透视绘画器的发明,艺术家们(如丢勒)经常用它来画透视物体。——原注

阿基米德怎样
三等分一个角

古代富有挑战性的一个问题是:只用圆规和直尺,三等分一个任意的角。它导致了某些迷人的数学思想和结构的发展。阿基米德的滑动连杆装置便是这样的一种成果。

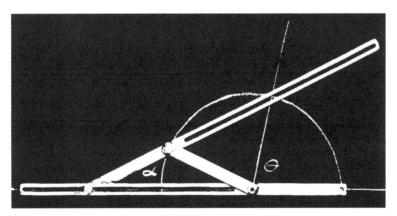

阿基米德用它来三等分一个角

假设我们要三等分的角为∠AOB。

如下页图,反向延长 ∠AOB 的一条边。令 r 表示以∠AOB 的顶点 O 为圆心的圆的半径。

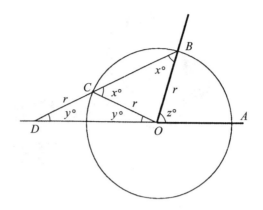

因为∠AOB是△OBD的外角,所以$z° = y° + x°$($\angle AOB = \angle DBO + \angle ODB$)。

类似地,∠BCO是△CDO的外角,这就有

$$x° = y° + y° = 2y° (\angle BCO = \angle CDO + \angle COD)。$$

替换得,$z° = y° + 2y°$,即$z° = 3y°$。

因此,$y°$是∠AOB大小的$\dfrac{1}{3}$,从而三等分∠AOB。

分形的云

大自然总是在不停地产生令人惊异的自我分形复制。右图是一幅阳光在云的边缘闪耀的照片,它看起来像是一张计算机制作的分形复制图。

分形要考虑到分数维数。在欧几里得几何中,点是零维的,直线是一维的,平面是二维的。那么一条锯齿形的线是几维的呢? 在分形领域,一条锯齿形的线的维数介于1和2之间。从一条直线段开始,将其分为三部分,然后像作雪花曲线那样进行下去,那么它的维数也将介于1和2之间。如果我们从一个矩形(二维物体)开始,然后将其分为四个部分,再在它的中截面上构造一个金字塔,如左图那样形成分形,那么这个分形的维数便介于2和3之间。

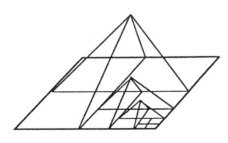

分形与蕨类植物

分形几何以描述大自然的几何而著称。它提供了一种描述自然界物体的数学手段,这些物体的形状不完全符合欧几里得几何的描述。

把几何分形想象成一种无尽的几何图案,这种图案不断地以更小的尺寸自我复制。这样,当一个几何分形的部分被放大后,它看起来与原先的样子完全一样。作为对比,当圆的一部分被放大后,它显示的曲率较小。

蕨类植物是分形复制的一个理想的例子。如果你将分形蕨类植物的任何一个部分放大,它会显现与原来的蕨类植物一样的形状。分形蕨类植物的图案能够在计算机上制作出来。

数系的发展史

缩减数系的发展史是一种罪过。自然数、整数、有理数、无理数、虚数、实数、复数等等,它们是在何时、何地、怎样演化而来的?

像大部分数学概念一样,数系的演化或由于偶然,或由于需要,或由于好奇,或由于探索某个思维领域的需求而发生。

很难想象,当试图求解各种问题时不得不把它们限制在一个特殊的数的集合里。我们承认有许多问题确实是局限于某个特定的范围或区域,这就使得它伴随着特定的集合,但至少我们还应该知道解答中可能存在其他类型的数,而这样的问题正好能作为一种练习。

虽然现在我们已经掌握了全部的复数,但不妨想象一下这样一个问题:在不知道负数的情况下,求解方程 $x+7=5$。这时人们会有什么反应呢?

——这个题目有问题!

——无解!

——该方程是不正确的[①]!

[①] 阿拉伯的教科书把负数介绍到欧洲,但在16和17两个世纪里,欧洲的数学家不愿意接受这些数。许凯(Nicholas Chuquet,15世纪)和斯蒂德尔(Michael Stidel,16世纪)将负数归为荒唐的数。虽然卡尔丹(Jerome Cardan)把负数作为一种方程的解,但他仍然认为它们是一种不可能的答案。甚至帕斯卡也说:"我知道这些无法理解的东西,如果我们从零里拿去四,那么零还会留下什么?"——原注

幸运的是,有一些勇敢而自信的数学家,他们愿意冒险,并坚信方程的解存在于一个未被发现的数的领域,最终他们向前迈出了一步,在原来的数的集合之外定义了一个新的数的集合。想象一下,对于解上述问题,创造出一个负数是何等地令人兴奋和不平常。同样令人感兴趣的是对新数的验证,看它是否也遵循已存在的数的集合的那些公理。

我们几乎不可能完全确定不同数的起源时间和地点,但我们能够设想类似的引发新数发现的问题及其大致过程。

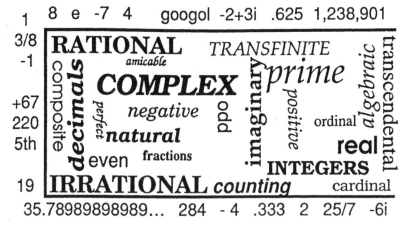

各种不同的数(图中所写的英语是各种数的名称,如复数、实数、正整数、有理数、无理数、小数、素数、超越数等等——译者)

在许多个世纪中,世界上不同地区的人都只用到自然数。大概那时他们没有其他的需求。当然,书写自然数的符号和体系,随着文化的不同而不同①。

第一个零出现的时间可以追溯到两千年前,那时它出现在古巴比伦的黏土泥板上。它最初是一个空位,后来用两个符号 ❮ 或 ❮ 来表示。但这里的零更多地是作为一个占位符,而不是作为一个数。玛雅人和印度人的数系最早将零既作为一个数,又作为占位符。

---

① 古巴比伦人有一种位值记数系统,他们用符号 ❚ 代表1,用 ❮ 代表10。但那个时期的古埃及人没有位值记数系统,只是用符号 ❙ 代表1,用 ∩ 代表10,用 ໑ 代表100等等。——原注

有理数是数系进化的第二阶段。人们需要对整数进行分割,就像分一块面包那样。虽然古代人没有设计表示这些数的符号,但他们知道分数量的存在。例如,古埃及人用"嘴巴"的图形 ⬤ 来书写他们的分数,如: 𓏤𓏤𓏤 是 $\frac{1}{3}$, 𓏤 是 $\frac{1}{10}$, 𓏤𓏤𓏤𓏤𓏤 是 $\frac{1}{223}$。

古希腊人则用线段的长度表示不同的数量。他们知道在数轴上的点并不只是由自然数和有理数占据。这时,人们发现了无理数。而遗留下来的问题是:

——第一个被发现的无理数 $\sqrt{2}$[①],它是把毕达哥拉斯定理用于两直角边长为1的直角三角形时得到的结果吗?

——黄金分割比 $\phi = \frac{1}{2}\left(1 + \sqrt{5}\right)$ 是从黄金矩形中得到的吗?

不管怎样,我们知道那时人们已经用到了无理数。

历史表明,在新数发现的过程中,解决旧问题和创造新问题总是同时发生的。一个新数集合的发现是一码事,确定它的定义和逻辑系统、被人们接受并得到广泛应用,则需要多年的演化[②]。负数曾难于为欧洲的数学家所接受,这种状态甚至延续到17世纪。平方根的运用若不限于非负数的集合,那么虚数便能通过 $\sqrt{-1} = i$ 而创造出来。在全世界的各种文化中,都有多项式方程,它要求在其解中运用虚数。一个这样的方程例子是 $x^2 = -1$。设计一个普遍性的集合,把所有的数都联系在一起,这样就引进了复数,它们出现在诸如一元二次方程 $x^2 + 2x + 2 = 0$ 的解中。复数(形如 $a + bi$ 的数,这里 a, b 是实数,$i = \sqrt{-1}$)的概念是16世纪

---

① 古希腊人把无理数看作不可约的比。有许多与无理数起源相关的故事,一般认为无理数的创始人是希帕索斯(Hippasus,公元前5世纪)。希帕索斯最后被毕达哥拉斯学派的信徒们扔进了大海。毕达哥拉斯学派认为:所有的数都可以用整数或它们的比来表示,但希帕索斯的发现反驳了上述论点,而使毕达哥拉斯学派惊恐万状。不过,毕达哥拉斯学派也间接地证明了 $\sqrt{2}$ 是无理数。——原注

② 那时,对于整数、有理数、无理数和负数的逻辑基础还没有建立。印度人和阿拉伯人在他们的计算中自由地运用这些数。他们用正数和负数作为资产和债务的值。他们的工作主要是埋头于计算,而不太关心数的几何性质。因此,他们的算术与几何关系不大。——原注

被引入的。所有上面提到的数,都可以看成复数的一种类别。例如,实数是虚部为 0 的复数,而纯虚数则是实部为 0 但虚部不为 0 的复数。

当用几何方式进行描述时,虚数和复数变得更为具体。像古希腊人在数轴上描述实数一样,复数可以用复平面来描述。每个复平面上的点都与一个复数一一对应。这样,方程 $x^5=1$ 的 5 个解就能用图解表示出来。

由于复数可由二维的点描述,这似乎产生了一个逻辑上的过渡问题,即什么样的数可以描述高维空间中的点。我们发现了一种叫四元数的数,可以用来描述四维空间。现在留下的问题是——数系的发展到此为止了吗?相信随着新的数学思想的发展和应用,还会经常产生新的数!

看一看上文中所列的数,它们都属于复数的分类吗?

自然界中的
三联点现象

为了有效地解释发生在自然界的现象,科学家和数学家们试图寻找公式、模型、数字等,以帮助他们预测自然事件的结果。正如大家知道的那样,自然事件未必永远符合这种预示,但数学结论的发生频率无疑较高。

观察一下三联点——它是一些自然事件所趋向的平衡点。

三联点的基本性质是:此处三条线段相遇,彼此间夹角为120°。

由于空间限制和可用性等原因,许多自然现象最终形成了三联点。

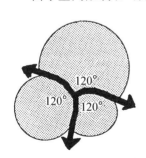

这里三个肥皂泡组成一组,相交于一个三联点

首先考虑表面张力,这种张力会使物体表面积尽可能地减少。拿肥皂泡来说,由于每个肥皂泡中都包含了一定量的空气,表面积必须在这样的条件下达到最小。这就解释了为什么单个肥皂泡总会变成球形,而对于一堆肥皂泡(比如在肥皂水中),其边缘则会相交形成一个个三联点。

其次,看一看龟壳的构造或一个个紧挨着放在烤盘上的小圆面包膨胀的方式。每种情况都是由于边界限制而造成的。对于每一种紧密堆在一起的物品,必然会发生这样的现象。龟壳生长时各块之间互相

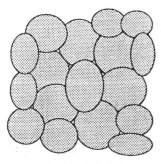

面包在烤盘上膨胀

推动,而烤盘上的面包发酵膨胀时也是一样。结果任何空隙都被填满了,表面积也达到了最小。

在斑马和长颈鹿的斑纹、蛇的鳞甲、麻雀的羽毛、鱼的鳞片等等上面,我们都能找到三联点。三联点的另一些例子是:香蕉、玉米、蜂巢、泡沫等等。可以说,在自然界中三联点的现象是很常见的。

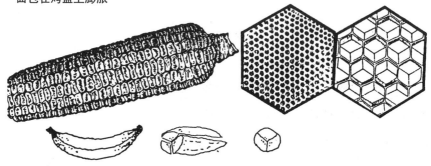

玉米粒的结构、蜂巢的六边形、香蕉的内部构造等,都是三联点的例子

另一些自然事件也会形成三联点,如土地、石头等弹性物质的龟裂(非弹性物质如玻璃等则相反)。干的泥地有一种分子间的牵引力,当这种力过大时,就会使地表破裂为三联点的形式。在这里,自然的限制会使开裂的尺寸最小,裂缝则出现在物质数量最少的地力。至于皱褶,自然的限制会使皱缩(如葡萄干

龟壳上形成的三联点

114

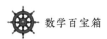

的皮)或膨胀(如人类的大脑生长)产生最小的剩余量,而三联点则出现在沟部或脊部。

许多自然现象能够用力和环境的结合来解释,其结果会产生一些不同于三联点的形式。在这类例子中,自然变化必须限制在某种条件下,如在某部分空间或表面才有效。有多种数学运算可以求函数的极大值和极小值,例如用求函数一阶和二阶导数的方法,用线性规划解决生产问题中的极大极小值等。自然现象总

三联点出现在人类大脑的沟部和脊部

是在它所创造的演化中遵循着一条法则,即让所做的功或所耗费的能量达到极小值。上面描述的三联点的产生,便是大自然的杰作。

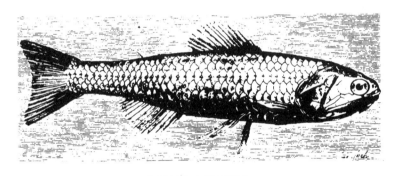

鱼鳞结构上的三联点

多边形数

多边形数是这样的一些点的点数,这些点排出的形状与正多边形的形状有着密切的关系,如下图所示。

三角形数	○	△	△	△	△
正方形数	○	□	□	□	□
五边形数	○	⬠	⬠	⬠	⬠
六边形数	○	⬡	⬡	⬡	⬡
七边形数	○	⬣	⬣	⬣	⬣
八边形数	○	⯃	⯃	⯃	⯃

●   ● $=1$

●●   ●● $=1+3=4=2^2$
●●   ●●

●●●   ●●● $=1+3+5=9=3^2$
●●●   ●●●
●●●   ●●●

●●●●   ●●●● $=1+3+5+7=16=4^2$
●●●●   ●●●●
●●●●   ●●●●
●●●●   ●●●●

　　研究由这些数量的点形成的图形,能够发现它所具有的数学性质。例如,研究正方形数的形状,可以确定奇数列的和,即:

$$1+3+5+7+9+11+13+\cdots=?$$

调和三角形

　　不同于算术(帕斯卡)三角形[①](它的每一项都等于上面一行左右两侧项的和),调和三角形的每一项都等于它下面一行正下方的项开始的右边所有项的和。例如,第一行的 $\frac{1}{2}$,等于它下面一行的 $\frac{1}{6} + \frac{1}{12} + \frac{1}{20} + \cdots$。这个事实揭示了一些有趣的信息,而这些信息是有关某些特定无穷数列的。

　　(1) 第一行的项形成调和数列,该数列发散;而其他行的数列都收敛。

　　(2) 第二行的项是三角形数倒数的一半,其总和为1。

　　(3) 第三行的项是金字塔数(以三角形为底的锥形)倒数的三分之一。由于

$$
\begin{array}{llllll}
1/1 & 1/2 & 1/3 & 1/4 & 1/5 & 1/6 \cdots \\
1/2 & 1/6 & 1/12 & 1/20 & 1/30 \cdots \\
1/3 & 1/12 & 1/30 & 1/60 \cdots \\
1/4 & 1/20 & 1/60 \cdots \\
1/5 & 1/30 \cdots \\
1/6 \cdots \\
\vdots \\
\vdots
\end{array}
$$

---

① 更多关于算术(帕斯卡)三角形的内容可参见"算术三角形的起源"一节。——原注

它所涉及的是调和三角形第二行中 $\frac{1}{2}$ 这一项下面一行正下方的项开始的右边所有的项,所以该行的数的和必为 $\frac{1}{2}$。

（4）调和三角形的项还具有以下的性质：每一项都等于它正上方与右上方两项的差（例如 $\frac{1}{2} = \frac{1}{1} - \frac{1}{2}$）。

劳埃德的天平谜题

这一谜题引自《谜题大全》(1914),由著名美国谜题专家萨姆·劳埃德所作。

多少个玻璃杯能与1个瓶子平衡?

(解答见附录)

---

① 图上方的英语意为"使人迷惑的天平"。——译注

统计学——
一种数学操作

均值、平均数、中位数、百分率、众数、图表……所有这些都是处理数据的办法。取两个数6和8,我们可以进行各种比较:如比例6:8,分数$\frac{3}{4}$,百分率75%等等。一旦人们收集数据并力图描述一种状态时,就开始步入统计学的领域了。无论统计结果是有用的或是容易使人误解,统计学几乎总是具有影响力的。

统计学可用于预测各种现象,诸如:

● 某总统候选人在盖洛普民意测试中的得票率;

● 美国大学入学考试成绩统计;

● 经济状况(通胀率、国民经济总量的增长数、失业率、利率升降);

● 道·琼斯指数(证券市场的平均数);

● 保险费率;

● 人口统计资料;

● 天气预报;

● 药品效力和/或副作用的药理学分析;

● 赌博的输赢机会;

● 海浪和潮汐的影响范围。

统计学涉及的领域在不断扩大。当我们看到统计分析的最终结果时,务必要十分谨慎,不要对数据进行过度解读。要弄清楚样本的大小和取样的方法,看看是否与其他的样本取样结果相一致。例如,对于投票结果的预测,样本必须具有随机性,还要尽可能大。如果只在一个邻近的投票点进行取样,那么得到的调查结果必定具有很大的倾向性。把这样小范围内的结果作为预测的依据,岂不滑稽可笑?

假定有一份报纸刊登了以下的消息:"在《每日调查》主办的一次投票中,有75%的投票者今年感染了流行性感冒。"这个报告中近75%的人感染流感的结论会让人吓一跳《每日调查》并没有指出它的投票范围。说不定他们只问了办公室里的4个人,而其中有3人受到了流感的困扰。没有人能在不知道样本大小和样本随机程度的情况下得出有效的结论。然而,经常有人在给出统计数据时,不注意交代资料的情况。这可能是漏了,也可能是故意省略。

---

① 图中所画的是各种统计数据,如道·琼斯指数、盖洛普民意测试等等。——译注

变更统计结果的另一种办法是改变样本的组成。例如,原来测定失业率时是基于公民和私营企业工作的人中的失业人数。1980年后,这种统计也包含了军队服役的人员。因为每个在军队服役的人都是就业人员,这就自然扩大了就业人数。因此,1980年以前与1980年以后的失业率统计的比较便是无效的。

随着电子计算机的介入,人们能够很快收集、分类和分析大量的资料。只要分析处理公平,而不是人为操纵,那么统计结果和信息将是十分可靠的。统计学的影响和力量是巨大的,它能够用来说服或劝阻他人的行为。例如,若某些人感到自己的投票不会改变最终结果,那么他们就可能不会积极地去投票,尤其是在投票结束前几小时,统计显示投票结果偏于一方的时候,这种情况更容易出现。

统计学是一门非常有力和非常有说服力的数学工具。人们对于印出来的数字有着充分的信任。当某种情况可以用一个特定的数值来描述时,那么这个描述的有效性在观察者的心目中便增加了。统计学家的责任就是要让大家知道,外行看到缺少相关信息的资料或者天真的观察者看到贫乏的资料,可能得出虚假的骗人的结论。

咖啡杯与甜甜圈
的数学

一个甜甜圈和一只咖啡杯在拓扑学上是等价的物体。

两者在形式上都有一个洞,而且咖啡杯能够通过拉伸、扭曲和定型变为一个甜甜圈,反之亦然。

拓扑学研究的是物体在上述变形下保持不变的特征。例如,以下这些物体都是等价的。

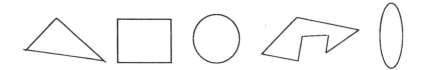

在拓扑学中,你所考虑的物体就像是在一张橡皮膜或一个能够拉伸或拖曳的平面上一样。所有上述图形都能通过弹性变形变为同样的形状,因而它们是等价的。拓扑学不考虑图形的大小、形状和刚性。在拓扑学中,"多长""多大"这类特征是没有意义的。它关注的是"哪里""在什么中间""内部"或"外部"等性质。下面让我们看一看,一个甜甜圈是怎样变形为一只咖啡杯的。

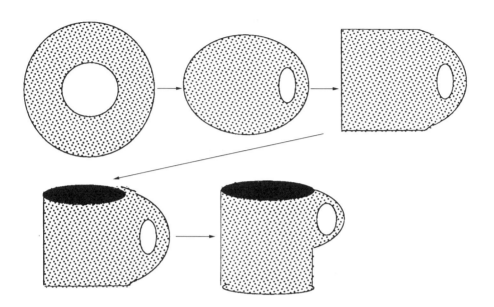

带数学味的家具

当人们每天都运用数学的抽象思维时,便会深刻地感受到作品中的创造精神。例如,以默比乌斯带为模型的单面扁形带,佩戴时处处都是均匀的。

四面体可以用来设计一种装液体饮料的容器;分形可由计算机产生并创造出逼真的景观。

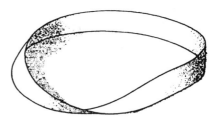

由一个圆柱形的纸筒构成一个四面体容器

四面体容器

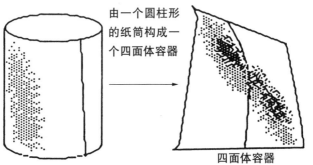

来看一张三脚凳。其中的数学概念是"不共线的三点能够确定而且只能确定一个平面"。这就解释了为什么对四只脚的凳子,当它的一只脚比其他的脚略短时便会摇摆不定,而三脚凳却总是稳定的(它的三只

脚总能保持在一个平面上）。

这样的例子无疑可以继续列举下去。

七巧板是中国人创造的一种谜题，后来成为19世纪最为流行的谜题之一。它由七块板构成，其中五块是等腰直角三角形，一块是正方形，另一块是平行四边形。多年来，人们用七巧板的七块板，创作出了超过1600种图案。传统的七巧板能够拼出骆驼、猫、鸟、小舟、人及许许多多其他的物体。

七巧板的七块板及其正方形构造

如今，意大利设计师摩洛兹（Massimo Morozzi）创造了令人着迷的多用途"七巧板台桌"。这种台桌在一年一度的米兰设计展览会——第23届米兰移动沙龙节上首次展出。它是在七巧板的七块板的基础上，用有趣的能变化形状的桌脚，使得七块板中的每一块都能独立地站立。对于七巧板所能变形出的所有形状，台桌都能拼出来。它能够适应各种布置的变化，转瞬间从一张方形的桌子变

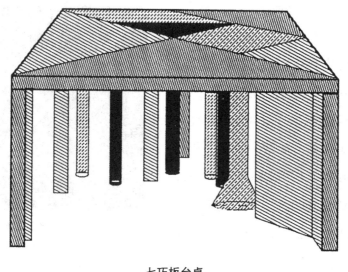

七巧板台桌

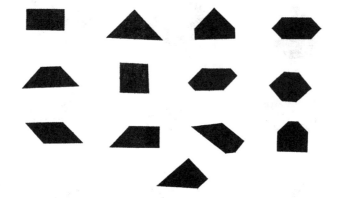

成稀奇古怪的猫的形状。

　　由七巧板的七块板能构成13种其他多边形的形状。上述"七巧板台桌"能变形为这些形状中的任何一个。你能确定它们的结构吗?

构造矩形

由下图中的 12 个圆点能构造出多少个矩形？矩形的四个顶点都必须在圆点上。

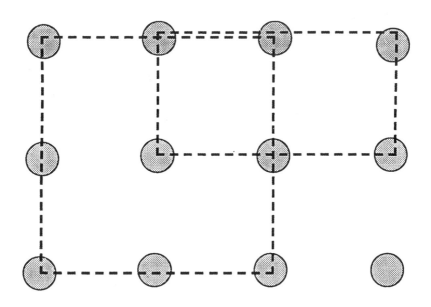

（答案见附录）

素数的几何解释

数学概念的几何解释,常常赋予概念另一种透视和视觉上的意义。根据定义,素数是除1以外只有1和自身作为因子的整数。让我们看看,怎样从几何方面去满足这个定义。

观察12个方块:

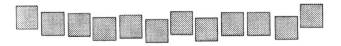

现在重新排列它们,使之构成不同形状的矩形。

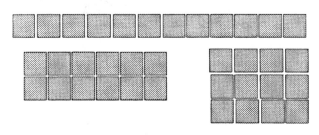

正像我们看到的,每种矩形都图示了12的因子——1×12；2×6；3×4——其因子为:$1,12,2,6,3,4$。

现在我们看看,如果一个数是素数,例如5,会出现什么情况？如下图所示,它只可能构成一种矩形！这表明5只有因子1和5。

构造一个8×8幻方

你或许觉得构造一个8×8幻方①有一点难,要想知道所有能组成的八阶幻方共有多少种就更加困难了②。

把从1到64的数如下图那样依次放在8×8的小方格里。如图示作出对角虚线。重新放置位于对角虚线上的每一个数,将它换成与之互补的数(在幻方中,

1	2	3	4	5	6	7	8
9	10	11	12	13	14	15	16
17	18	19	20	21	22	23	24
25	26	27	28	29	30	31	32
33	34	35	36	37	38	39	40
41	42	43	44	45	46	47	48
49	50	51	52	53	54	55	56
57	58	59	60	61	62	63	64

① 幻方是一种由数组成的方形阵列,它任一行、列及对角线上数的和都相等。——原注
② 研究n阶幻方的种数问题是一项艰难的工作。今天人们已经知道不同的四阶幻方有880种,不同的五阶幻方有275 305 224种,至于八阶幻方的种数是多少也就可想而知了!——译注

如果两数的和等于幻方的最大数与最小数的和,则称该两数为互补),这样就能得到下面的幻方。

64	2	3	61	60	6	7	57
9	55	54	12	13	51	50	16
17	47	46	20	21	43	42	24
40	26	27	37	36	30	31	33
32	34	35	29	28	38	39	25
41	23	22	44	45	19	18	48
49	15	14	52	53	11	10	56
8	58	59	5	4	62	63	1

毕达哥拉斯定理的
另一种证明

求证:对于一个边长为3和4的直角三角形,其斜边长为5。

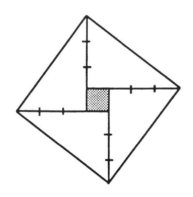

证明:取4个直角边长为3和4的直角三角形,如上图所示组成一个正方形。四个三角形的面积和为24个平方单位,内部的正方形面积为1个平方单位,从而大正方形面积为25个平方单位,它表明直角三角形斜边长为5,且$3^2 + 4^2 = 5^2$。

上述优雅的证明,出现在中国的一本叫《周髀算经》的书中(约公元前100年)。特别有趣的是,这是在没有用到毕达哥拉斯定理的情况下,论证毕达哥拉斯定理的一个例子。从直角三角形有直角边3,4开始,用四个全等的三角形组成一个正方形。虽然该证明只针对边长为3,4,5的直角三角形,但该方法对于具有直角边a和b的任意直角三角形都能普遍适用。这种对毕达哥拉斯定理的证明,显示了一种重要的方法。

下面是通用性证明：

如图标注直角边 a,b 和斜边 c，用两种方法计算正方形的面积：

（1）4 个三角形面积+内部正方形面积；

（2）大正方形面积。

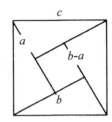

$$\frac{1}{2}ab + \frac{1}{2}ab + \frac{1}{2}ab + \frac{1}{2}ab + (b-a)^2 = c^2,$$

$$2ab + (b-a)^2 = c^2,$$

$$a^2 + b^2 = c^2。$$

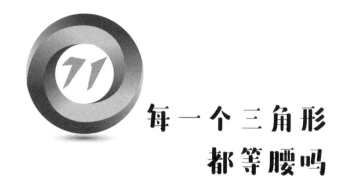

每一个三角形
都等腰吗

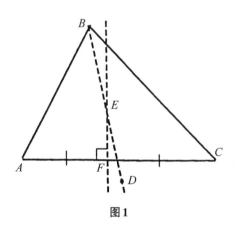

图1

（第1—3步参见图1）

（1）取任意△ABC。

（2）作射线 BD 平分∠B。

（3）作AC的垂直平分线,交BD于点E,交AC于点F。

（第4—12步参见图2）

（4）过点E作AB和BC的垂线,分别交AB、BC于点G、点H。

（5）如图连接AE和EC。

（6）△BGE ≌ △BHE(SAA)——∠1 = ∠2,因为∠B被平分(第2步);∠BGE =

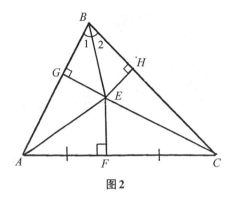

图2

$\angle BHE$ ，因两者均为直角(第4步)；$|BE| = |BE|$，恒等。

（7）$|GE| = |HE|$，因为 $\triangle BGE \cong \triangle BHE$(第6步)。

（8）$|AE| = |EC|$，因为 EF 是 AC 的垂直平分线，在它上面的任意点到 A，C 等距离。

（9）$\triangle AGE \cong \triangle CHE$，因为它是直角三角形，而且斜边和一组对应的直角边全等(第7,8步)。

（10）$|AG| = |CH|$，因为它们是全等三角形的对应部分(第9步)。

$\qquad$ $|BG| = |BH|$，因为它们是全等三角形的对应部分(第6步)。

（11）$|AB| = |BC|$，第10步等量相加。

（12）故 $\triangle ABC$ 是等腰三角形(第11步)。

（说明见附录）

寻找完满数

毕达哥拉斯学派相信,整数是万物之本。他们甚至将一些特定的数拟人化。例如,将偶数看成是雌性的,等等。毕达哥拉斯学派研究了数的类型和性质,完满数则是他们研究的重点之一。

6, 28, 496, ?

完满数是这样的一种数,它等于除自身外的所有因子之和。6是一个完满数,因为它除自身外的因子1,2,3的和为6。28和496也是完满数。在欧几里得《几何原本》第九卷中的最后一个定理,就是关于完满数的,它陈述如下:

如果 2^n-1 是素数,则 $2^{n-1}(2^n-1)$ 是一个完满数。

对于 $n=2$,我们得到完满数6。对于 $n=4$,由于 2^4-1 不是素数,所以结果不会产生一个完满数。对完满数的探索,古往今来始终困扰着数学家。

直到现在还没有人发现一个奇完满数,也没有人能够证明奇完满数不存在[①]。欧几里得定理的逆命题是:

每个完满数都有 $2^{n-1}(2^n-1)$ 的形式,这里 2^n-1 是一个素数。

人们认为它可能成立,但至今没有人能够证明。瑞士数学家欧拉证明了所

---

① 这是数论中著名的未解决问题之一。——原注

有偶完满数都应当有这样的形式。对完满数的探索一直持续到今天①。人们借助计算机找到了当 $n = 521, 607, 1279, 2203, 2281, 3217, 4090, 4253, 4423$ 时相应的完满数,这是 $n < 5000$ 时仅有的几个。此外,$n = 9689, 9941, 11\,213, 19\,937$ 时也给出了完满数。你能想象这些完满数有多大。例如,1963 年,伊利诺伊大学数学系发现了 $n = 11\,213$ 时的完满数,它包含 6751 个数字,有 22\,425 个因子。

---

① 至 1998 年 2 月,人们知道的完满数共 37 个。最后一个完满数相对应的 $n = 3\,021\,377$。——译注

$\sqrt{2}$ 的动态矩形

动态矩形[1]近来频频出现在许多艺术品上。在右图中我们看到的是一个 $\sqrt{2}$ 矩形如何四面围住一个古代的食物罐,这个食物罐是从上希拉峡谷的旧普韦布洛出土的[2]。

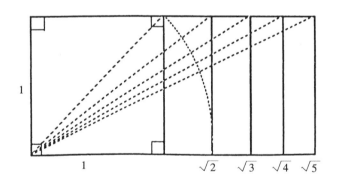

---

[1]   动态矩形是由单位正方形逐步变化产生的一系列矩形。——原注

[2]   该图引自内勒(Maria Naylor)编著的《真实的印地安图案》一书,经 Dover 出版社同意翻印。——原注

玩转默比乌斯带

　　虽然德国天文学家、数学家默比乌斯创造出默比乌斯带已有160多年,但默比乌斯带的性质依然令人着迷并激发着人们的想象。1858年,默比乌斯把它作为一种单面单边的对象介绍给大家。从那时以来,数学家、艺术家、科学家、作家纷纷用默比乌斯带来检验各自的想象力。这里给出的是他们在工作中的一些发现和趣闻。不过,最好的办法是你自己做个模型并欣赏这种奇异对象的特性。

默比乌斯带及其性质

● 默比乌斯带是用一张长方形的纸条扭转半圈并将两端粘在一起而成的。

● 用一支铅笔沿着带子表面的中线描画,以此测试默比乌斯带的单面和单

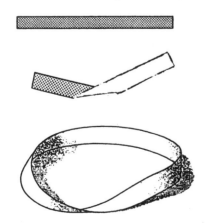

边性质。如果你笔不离纸,那么你能回到原来的出发点吗? 在带子的边缘做一个 V 形的刻痕,然后从这一点开始用手指沿着边缘轻快地移动。如果你手指没有离纸,而且能通过整个边缘回到原来 V 形刻痕处,那就证明它只有一个边缘。

● 用一把剪刀沿着默比乌斯带的中心线剪开,结果是否会得到一个圈呢? 如果是

这样,那么新的圈是单面单边还是双面双边的呢? 剪开它,试一试! 如果你得到一个圈,那它就不是双面的[①]。

● 取一张狭长的矩形纸条,并在纸条两面的中间部分画一根有一定宽度的彩色线,让这根彩色线覆盖整个纸条宽度的三分之一。现在将这样的纸条扭转半圈并粘接两端做成一个默比乌斯带,再用一把剪刀沿着彩色线的边沿把默比乌斯带剪开(即从默比乌斯带离边缘三分之一的地方开始剪),你会得到什么呢[②]?

● 想象一个由某种透明带子所构成的默比乌斯带的世界。动物们生活在这些薄薄的透明的带子上。设想这样的世界里的一只猫,它像二维的侧面黑色剪影那样出现在带子上。这只猫从带子上的某一点开始散步,走呀走,终于又走回到出发点。在抵达出发点时,猫会发现自己翻转了一个个儿,就像改变了方向一样。如果它再走一圈会发生什么呢? 如果一只二维的右手手套沿着猫所走的同一条路线移动,当它回到出发点时将变为一只左手手套。这个现象类似于一只三维的右手手套经由四维空间变成左手手套。

● 在二维平面上放置两行点对,要使点对中的点两两连接起来,而且所连的线段不相交,这未必都能做到。如果点对是放在默比乌斯带上会怎么样呢?

● 做一个扭转两个半圈的带子,并检验它是不是默比乌斯带。沿着它的中线剪开,最后你会得到一个还是两个环? 每个环上各扭转了几个半圈[③]?

● 做一个扭转三个半圈的带子,并检验它是不是默比乌斯带。沿着它的中

---

① 如果初始环扭转了 n(奇数)个半圈,那么沿中心线剪开后所得到的是扭转 $2n+2$ 个半圈的环。如果初始环扭转了偶数个半圈,那么沿中心线剪开后会产生两个分离的、更窄的、但却和原来一样的环。——原注

② 会得到两个环。一个是涂色的环,其长度与原默比乌斯带长度相同;另一个环长度是原默比乌斯带的两倍。如果这些带子紧挨在一起,那么表面上会出现三个环,涂色的环似乎与其他两个分离。它还能通过取 3 条同样大小的纸条,将它们叠在一起并扭转半圈,然后再粘接相应的端头而形成。——原注

③ 会得到两个环,每个环各扭转了两个半圈。——原注

线剪开,最后会得到一个环,它上面带有一个三叶形的结。

● 取两张一样的长方形纸条,并将它们叠在一起扭转半圈,然后将相应的端头粘在一起,就做成了一个"双层"默比乌斯带。这是两条紧偎在一起的默比乌斯带吗?把你的手指放在带层中间移动一下试试!

——它并不是一个紧偎在一起的"双层"圈。你会发现这是一个扭转了四个半圈的环。

——同时沿两者的中线剪开,结果会得到两个连着的环。

——做一个新的"双层"默比乌斯带,并沿着它上层环的中线剪开(或用一支铅笔沿中线画线),你将得到两个连着的环。

——"双层"默比乌斯带的边缘是平行的,并且相互独立,对吗?

——有些人觉得通过"双层"默比乌斯带可获得进入高维空间的通路,因为一个绕着它步行的人会转回到出发点,但此时人却是颠倒的。设想一只蜘蛛开始时沿着"双层"默比乌斯带的"地板"爬,当它重新回到出发点时它将在"天花板"上,而要回到"地板"则只有再绕着默比乌斯带爬上一圈。

● 如果将两条默比乌斯带的纵长方向的边粘在一起,它们将形成著名的克莱因瓶。将克莱因瓶沿着纵向破开,会形成两条默比乌斯带。

● 默比乌斯带分为右手系和左手系两种,它们之间互为镜像。

实际应用

● 默比乌斯分子

1981年,科罗拉多大学的瓦尔巴(David M. Walba)合成了一种默比乌斯带形式的分子。那是一种双层梯状的带,由碳和氧的原子组成。科学家们目前正在探索扭结的数学,以及它们与分子的联系。

● 古利曲公司拥有一项默比乌斯传送带的专利。这种传送带使用的寿命更长,因为整个曲面上的磨损和撕裂比一般的带子更加均匀。

一种两面都能记录声音的默比乌斯带已由弗列斯特(Lee De Forest)于1923年设计出来。同样的思路也可用于录音带。

● 哈里斯(O. H. Harris)获得了一项默比乌斯研磨带的专利。

● 雅各布斯(J. W. Jacobs)在1963年制造出了一种旨在使机器干燥清洁的默比乌斯自我洁净器。

● 戴维斯(Richard L. Davis)发明了一种无阻抗默比乌斯带,并获得了美国原子能委员会的专利。

默比乌斯带在艺术中的应用

● 一座钢制的默比乌斯带雕塑放置在华盛顿地区的史密斯森历史和技术博物馆。

● 埃舍尔把默比乌斯带用在他的木刻画《默比乌斯带Ⅰ》和《默比乌斯带Ⅱ》中。

● 默比乌斯带还是雕塑、杂志封面(如《纽约人》)、邮票和绘画艺术等方面的中心论题。

● 默比乌斯带已被采用到许多小说中。如在《星际旅行:下一代》中的情节"时间平方"中,就用上了默比乌斯带的观念。

"奥 维 德"游 戏

数学是一种思维方法,其影响的范围遍及世间多样领域。下面讲的是一种游戏,它玩起来需要用数学加以分析。

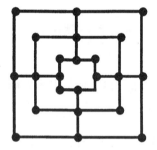

"磨坊"游戏的棋盘

我们对"井字"游戏[①]都非常熟悉。这里的游戏是"井字"游戏的一种变化,它的出现可以追溯到多才多艺的罗马诗人奥维德(Ovid)的作品。"奥维德"游戏及其游戏棋盘的变化(如左图的"磨坊"游戏)是在雅典卫城的台阶、伊特鲁里亚的陶器以及罗马人的瓷砖上发现的。在英国,"磨坊"游戏又以"九人摩尔舞"著称(可能因为玩法跟摩尔人跳舞有点相似)。在莎士比亚的《仲夏夜之梦》中就提到"九人摩尔舞",在那里棋盘是画在一方草地上,并用九块石头做棋子。

基础版"奥维德"游戏

这是一个两人玩的游戏。

● 每人有三枚棋子。

[①] "井字"游戏在英语中被称为"tic-tac-toe"。这是一种两人对局的儿童游戏,棋盘与"奥维德"游戏类似,是九方格或井字格。两人轮流在棋盘上画叉或圆圈,以所画记号三个连成一直线者为胜。——译注

图中人正在玩"九人摩尔舞",画作引自西班牙阿方索十世的游戏书

● 游戏的目标是将自己的三枚棋子排成一行。

● 两人轮流放置各自的棋子。

● 如果没有人能将自己的三枚棋子排成一行,那么每个人都能移动自己的一枚棋子到邻近未被占据的地方,直至某人把他自己的三枚棋子排成一行为止。

在你对以上规则琢磨出一种策略之后,试试添加以下的限制,看看会发生什么:

● 任何人开局都不能把棋子放在中央。

"奥维德"游戏的棋盘

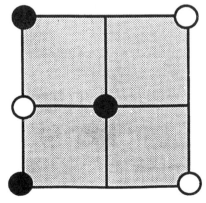

棋盘上显示两个选手已放好了各自的棋子,但没有人做到让三枚棋子排成一行。在这种情况下,选手们开始沿着线移动自己的棋子,直至其中一人成功地将自己的三枚棋子排成一行。

石器时代的数字

    下面这些记号是25 000年前的某个艺术家在山洞壁上刻画的。它可能是一种乱画的符号或图案,也可能是一种最早的数字表示。

    西班牙南部的拉·皮勒塔洞穴,25 000年前曾居住过一些早期的人类。在洞穴中人们发现了一些壁画和人工制品。从发现的一些人体骨架和武器可知,该洞穴在青铜时代(约公元前1500年)依然有人居住。人们深信,在那里发现的陶器块是欧洲现存的最为古老的陶制品,其时间大约可以追溯到新石器时期(约公元前3000年)。

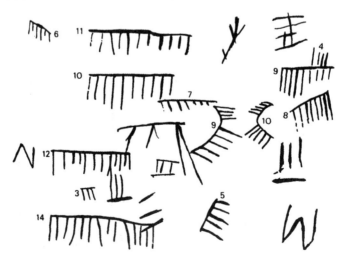

在西班牙拉·皮勒塔洞穴中发现的石器时代的数字

九点圆

九点圆是一个与三角形的某些部位相关联的概念,只凭感觉人们是很难把它们联系在一起的。这个圆是布里昂雄(Charles Julien Brianchon)和彭赛列(Jean Victor Poncelet)发现的。

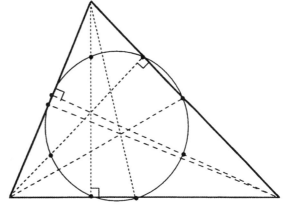

他们发现——

每个三角形都有一个圆,它通过:三角形高线的3个垂足,三角形边的3个中点,以及垂心(三角形三条高线的交点)到顶点的三条线段的3个中点。

此后的1822年,费尔巴哈(K. W. Feuerbach)证明了三角形的九点圆与其内切圆及旁切圆之间也存在着充满魅力的关系,他证明了三角形的九点圆同时切于三角形的内切圆和它的三个旁切圆[1]。

---

① 三角形的内切圆是指位于三角形内部且相切于其三边的圆,而旁切圆是指相切于三角形一边和另两边延长线的圆(见右图)。——原注

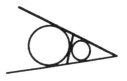

建筑学与数学

千百年来,数学已成为设计和构图方面的无价工具。它既是建筑设计的智力资源,也是减少试验、消除技术差错的有效手段。下面列出的是古往今来建筑中常用的数学概念:

- 棱锥
- 棱柱
- 黄金矩形
- 视幻觉
- 立方体
- 多面体
- 短程式圆顶
- 三角形
- 毕达哥拉斯定理
- 正方形、矩形、平行四边形
- 圆、半圆
- 球、半球
- 多边形

- 角
- 对称
- 抛物线
- 悬链线
- 双曲抛物面
- 比例
- 弧
- 重心
- 螺线
- 螺旋
- 椭圆
- 镶嵌
- 透视

一座建筑物的设计会受到周围环境、材料类型和适用性、想象力,以及资金

等因素的影响,在所有这些基础上才可能着手勾画建筑图案。下面是一些历史上著名的例子——

● 埃及、墨西哥和尤卡坦的金字塔构造中,石头的形状、大小、重量、排列等计算工作,需要依靠直角三角形、正方形、毕达哥拉斯定理、体积,以及估算等知识。

● 马丘比丘的设计规划既整齐又均匀,没有几何学是不可能做到的。

● 帕台农神庙的构造用到了黄金矩形、视幻觉、精密测量、比例知识,以及按准确的规格切割圆柱(使直径保持为柱高的三分之一)等知识。

● 埃皮达鲁斯的古代戏院的设计和布置,其几何精密性是经过特殊计算的,它不仅增强了音响效果,而且使观众的视野达到极大值。

● 圆、半圆、半球和弧等方面的创新应用成为古罗马建筑师们所广泛采用并不断完善的数学思想。

● 拜占庭时期的建筑师们将正方形、圆、立方体和带拱的半球等概念优雅地组合起来,就像他们在君士坦丁堡的圣·索菲亚教堂里所运用的那样。

● 哥特式教堂的建筑师们用数学方法确定重心,并设计了交于一点的拱形天花板,使石头结构产生的巨大重力转移到地面而不是水平方向。

● 文艺复兴时期的石制建筑物,显示了一种在明暗和虚实等方面都堪称精美的对称。

随着新建筑材料的涌现,让这些材料发挥最大潜力的新的数学思想也应运而生。用各种各样可以得到的建筑材料,诸如石头、木材、砖块、混凝土、铁、钢、玻璃、合成材料(如塑胶、强力水泥、速凝水泥)等等,建筑师们能够设计出任何形状的建筑物。如今,我们能亲眼见到双曲抛物面形状的建筑物(旧金山圣·玛丽大教堂)、富勒(Buckminster Fuller)的测地线构造、索莱里(Paolo Soleri)的模块化设计、抛物线形的机库、模仿游牧部落帐篷的立体组合结构、支撑东京奥林匹克运动大厅的悬链线缆,以及带有椭圆顶天花板的八角形房屋等等。建筑是一门正在发展中的科学。建筑师们不断对过去和新产生的一些想法进行研究、提炼、提升,终于使自己能够自由地想象任何设计,只要数学和材料能够支持这样的构造。

采用玻璃材料并制成各种形状和角度的建筑物(加利福尼亚的福斯特城),在一天里的不同时间,从不同的角度和地点观看,都能观察到不同的变化,它与环境交相辉映,令人叹为观止

《易经》与二进制系统

  《易经》是世界上最古老的书籍之一。它表达了古代中国人的一种哲学,包含心理学、历法及某些变化的启示。虽然《易经》的最早起源并不清楚,但它出现的日期至少可追溯到公元前8世纪。由6条水平线段构成的卦(实线段代表"阳爻",中间断开的线段代表"阴爻")是它的典型结构,阴阳交换可形成全部64种卦。

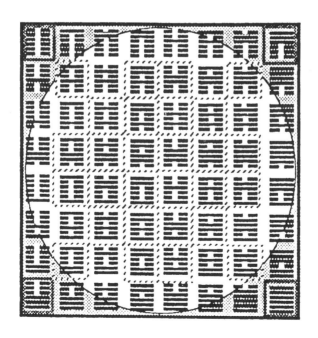

数学家、科学家、哲学家、语言学家和外交官莱布尼茨在他1679年发表的论文《二进制的发展》中首先论述了二进制系统。1697到1702年间,他跟一位在中国的传教士布韦(Père Joachim Bouvet)经常通信。通过布韦,莱布尼茨了解了《易经》中的卦,并与他的二进制系统联系起来。他注意到,如果把每个断开的线段作为0,未断开的线段作为1,则卦就可以表示为二进制数。

例如,依次取下列卦,我们发现:

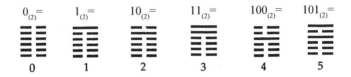

虽然莱布尼茨和布韦都通过《易经》感觉到中国人已经发现了二进制系统,但还没有更有力的证据能表明这一点。

天体音乐

　　在古希腊,数学、音乐和天文学是学校必修的公共课程。毕达哥拉斯学派把数和音乐的音阶联系在一起。基于他们的数学、音乐及行星轨道方面的知识,他们形成了一种"天体音乐"的观念,这种观念把音乐和天文学牵扯在一起。

　　开普勒(Johannes Kepler)感到需要找出一些宇宙所遵从的规则及概念间的内在联系。他在1618年出版的《世界的和声》一书中,将行星在它们椭圆轨道上的速度跟音乐的和声联系起来[①]。他将行星的最大与最小运行速度跟音乐的音阶建立了联系,并将古希腊"天体音乐"的理想化看作自己最大的成就之一。

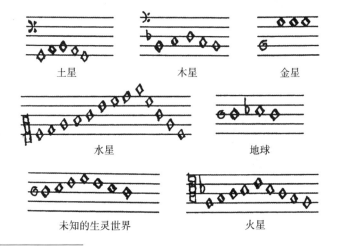

---

① 今天,把天文学和音乐牵扯在一起是没有科学意义的。但当时,开普勒在这方面的工作却导致了许多有价值的天文发现。例如,开普勒对地球在它的椭圆轨道上运行速度的计算等等。——原注

变形艺术

变形艺术是一种使影像扭曲变形的艺术。从某种意义上讲,剪影也算变形艺术的一种类型,因为一个人的影子是他实际身体形状的变形。这种艺术类型是为了娱乐及隐匿目标这两个目的而创造出来的。例如,在英王乔治一世(George Ⅰ)和乔治二世(George Ⅱ)统治期间,王位觊觎者斯图尔特(Charles

一只扭曲变形的蝎子

用一个聚酯薄膜做的圆筒观察到的大象

154

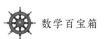

Edward Stuart)的艺术肖像被其支持者用作表达他们忠心的标记。这种艺术还被用于传播政治主张,或用作恋爱和情感的表白。此外,在18和19世纪,变形画还与玩具"歪像矫正镜"(一种圆筒形或锥形的镜子)一起捆绑出售。

可运用射影几何的知识来创作变形画。艺术家们通过一个歪曲的平面,或在一个圆筒或圆锥形的管子上使影像扭曲变形。法国人尼塞隆(Jean François Niceron)在他的《透视探奇》(1638)中介绍了他在创作变形艺术方面的技巧。自从有了计算机,扭曲变形可以很容易地实现,变形艺术似乎经历了一次复兴。

测量问题

如果允许你选择四把固定长度的直尺,那么你要选哪些长度的直尺才能测量从1个单位到40个单位这些整数单位的距离? 在测量你想要的距离时,你所用的每把尺子的使用次数不能多于一次。

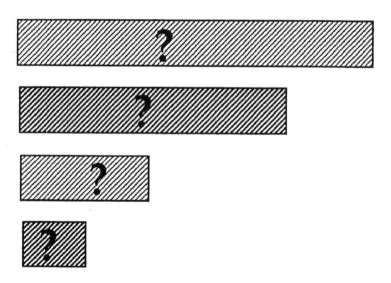

例如,你如果选长度分别为1个单位、2个单位和4个单位的直尺,那么你所能测量的最大距离将是7个单位。

1个单位＋2个单位＋4个单位

3个单位的距离可由以下两种方法测量出来。

4个单位 − 1个单位   1个单位 + 2个单位

怎样的4个尺寸的直尺才能测量出从1个单位到40个单位的整数长度呢?

(答案见附录)

文艺复兴时期的视幻觉作品

射影几何是数学的一个分支领域,它跟图形及其投影的空间关系和性质打交道(因此能够解决有关透视的问题)。为了创作三维的现实主义绘画作品,文艺复兴时期的艺术家们采用了当时新建立的射影几何概念——投影点、平行会聚线及消失点。18世纪的艺术家贺加斯(William Hogarth)的画作《虚假的透视》下方有一行这样的评论:"一个没有透视知识的人绘制的图画,必定会像插图中所显示的那样充满荒谬。"你能在贺加斯的这张作品中找出多少透视上的毛病?

倒　　转

自然界和数学中充满了对称的例子。在许多结构中,对称是一种天然的成分,就像在一个六角形或一片枫树叶的形状中所显示的那样。

Symmetry

引自基姆(Scott Kim)的《倒转》一书,该书由弗里曼出版发行(1989)

我们发现,倒转将呈现另一种世界。字母或词的初始形式未必会具有对称性,但基姆的智巧使它们变得具有迷人的形状和风格。一个具有倒转性质的词,

研究图中的倒转,你能看到一个上下颠倒的词。把这一页倒转,你看到了什么?(基姆作于1989年)

写起来会有一种或多种对称的形式。就数学观念而言,这种对称表现在字母或词的形状和位置上。我们还发现,有时一个具有倒转性质的词有着更加丰富的内涵。

　　基姆是一位文字书写设计师、计算机专家和数学家。阿西莫夫形容他是"字母表的雕塑家"。

请把一面镜子垂直地放在字母"i"的地方(基姆作于1989年)

罗密欧与朱丽叶
谜题

罗密欧与朱丽叶谜题出现在《坎特伯雷趣题集》(1907)中,该书出自英国著名趣题专家亨利·杜德尼(Henry Dudeney)。

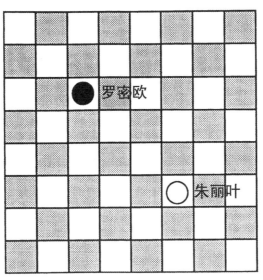

罗密欧必须找出一条通向朱丽叶的路。在遇到朱丽叶之前,他必须通过所有的方格各一次,而且还要使遇到朱丽叶时转弯的次数最少

(答案见附录)

什么是"平均"

在算术平均值与调和平均值之间有一种古老的联系。毕达哥拉斯学派研究了音调和数的比值之间的关系,他们发现:一根长为12的弦如果缩短到 $\frac{3}{4}$ 的长度,那么会弹出原调的第四音;如果取原来的 $\frac{2}{3}$ 长度,那么会弹出原调的第五音;

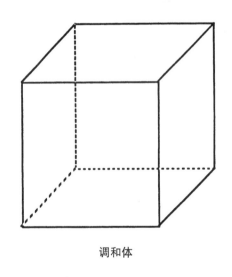

调和体

如果取原来的 $\frac{1}{2}$ 长度,那么弹出的音比原调高八度,即高一个音阶。这里弦的长度可以用数表示为12,9,8和6。令人惊奇的是,这些数也跟它们的算术平均值及调和平均值有关,即9是6与12的算术平均值,而8是6与12的调和平均值。此外,毕达哥拉斯学派还把正方体称为调和体,这是因为6,8和12分别是正方体的面数、顶点数和棱数。

让我们看一看"平均"一词在数学中的不同含义。

毕达哥拉斯所定义的"算术平均值"是指这样一个数,它超过第一个数的量正好等于第二个数超过它的量。也就是说,求算术平均值就是求两数的中间值。

对给定的两个数 a 和 b，其算术平均值为 $\dfrac{a+b}{2}$。如今，我们常称这个平均值为平均数。

求 $a_1, a_2, a_3, \cdots, a_n$ 的算术平均值。

我们先求所有项的和，然后再除以项数，得出

$$\frac{a_1 + a_2 + a_3 + \cdots + a_n}{n}。$$

a 和 b 的"几何平均值" c 可由下式确定：$\dfrac{c-a}{b-c} = \dfrac{a}{c}$。如今这个定义等价于 $c = \sqrt{ab}$ 或 $\dfrac{a}{c} = \dfrac{c}{b}$，并且可以在各种几何问题中找到它，诸如直角三角形斜边上的高，以及黄金矩形的黄金分割比等等。

求 $a_1, a_2, a_3, \cdots, a_n$ 的几何平均值。

我们先求所有项的积，然后再求积的 n 次方根，即

$$\sqrt[n]{a_1 a_2 a_3 \cdots a_n}。$$

"调和平均值" H 可由下式确定：$\dfrac{H-a}{b-H} = \dfrac{a}{b}$。如今，这个定义可写成 $\dfrac{1}{H} = \dfrac{1}{2}\left(\dfrac{1}{a} + \dfrac{1}{b}\right)$。另一种思路是，调和平均值是各项倒数的算术平均值的倒数。

$a_1, a_2, a_3, \cdots, a_n$ 的调和平均值为：

$$\frac{n}{\dfrac{1}{a_1} + \dfrac{1}{a_2} + \dfrac{1}{a_3} + \cdots + \dfrac{1}{a_n}}。$$

数学思想之间的联系

发现众多数学思想之间的相互联系是没有什么值得奇怪的。数学是在先前发展的概念的基础上逐渐扩展的,任何数学体系的形成都是从一些未加阐明的术语和公理(假定)开始,然后发展出定义、定理、更多的公理等等。然而,历史表明,对于数学创造,这并不是一条必经之路。例如,欧几里得几何并不是由欧几里得的《几何原本》开始的。相反,欧几里得是在研究、汇总和组织了在他之前的数学家所发现的几何内容之后才写出这本书。他将这些几何思想系统归类并加以逻辑演绎,才形成了欧几里得几何。

有许多数学分支似乎是彼此独立的,但只要仔细观察就能发现其中一些明显的联系。而了解和发现这些联系将令人兴奋不已。

考虑以下的概念:

帕斯卡三角形、牛顿二项展开式、斐波那契数、概率、黄金分割比、黄金矩形、等角螺线、黄金三角形、五角星、极限、无穷数列、柏拉图多面体、正十边形。

所有上述发现都是由不同的人在不同的时间、不同的地点完成的,但这些概念之间都由一条线联系着。

帕斯卡三角形是以帕斯卡命名的,虽然有关它的更早的记录出现在公元1303年出版的一本中文书上。帕斯卡三角形的每一项都是它上方左右两侧的两个数的和。它的每一行则表示二项式$(a+b)^n$的某一对应幂次展开式的系数。

如第3行给出的是$(a+b)^3$展开式的系数,第n行给出的就是牛顿二项展开式。

在帕斯卡三角形中,如图所示的对角线上的数的和即为斐波那契数[1],后者与自然界的许多形式和现象相联系。在帕斯卡三角形中还可以找到许多其他数的集合,如自然数、三角形数、平方数、四面体数、四维空间四面体数、五维空间四面体数……[2]

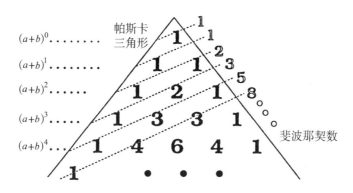

$$(a+b)^n = C_n^0 a^n + C_n^1 a^{n-1}b + C_n^2 a^{n-2}b^2 + \cdots + C_n^n b^n$$,牛顿二项展开式

概率则以不同的方式与帕斯卡三角形相联系。当小球从一个由六角形砖堆成的帕斯卡三角形容器顶部往下落时,会形成正态分布曲线。对于每块六角形砖而言,小球往左边落或往右边落的概率是相同的。如果在底部将小球收集起来,那么它们将按帕斯卡三角形的数分布,并形成钟型的正态分布曲线。拉普拉斯(Pierre Simon Laplace, 1749—1827)把事件的概率定义为:事件的发生数与所有可能发生的事件总数的比。帕斯卡三角形能够用来计算不同的组合数和所有可能组

---

[1]　斐波那契数是一个数的序列,它是斐波那契(Fibonacci)在他的著作《计算之书》中为解决他所提出的一个问题时引出的。斐波那契又名比萨的列奥纳多(Leonardo Pisano, 1175—1250),他的《计算之书》在19世纪由法国数学家卢卡(Edouard Lucas)编辑再版。——原注

[2]　参见前面"帕斯卡三角形的一些性质"中的插图,有许多不同的数出现在帕斯卡三角形中。——原注

合的总数。例如,掷四枚硬币,其正反面可能的组合如下:四次均正1次,三正一反4次,两正两反6次,一正三反4次,四次均反1次。这些数相当于帕斯卡三角形顶上数下来的第五行——1,4,6,4,1——它表示了可能出现的结果数。所有可能出现的结果的总数为$1+4+6+4+1=16$。于是,我们可求出掷币时出现三正一反的概率为$\dfrac{4}{16}$。

黄金分割比和黄金矩形(为古希腊的建筑和艺术所常用)是通过斐波那契数与帕斯卡三角形和概率相联系的。当斐波那契数列$(1,1,2,3,5,8,13,21,34,\cdots)$相继项的比构成一个新的无穷数列时,我们得到:

$$\frac{1}{1},\frac{2}{1},\frac{3}{2},\frac{5}{3},\frac{8}{5},\cdots,\frac{F_n}{F_{n-1}},\cdots$$

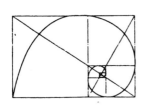

黄金矩形与等角螺线

数列的每一项或稍大于或稍小于黄金分割比。事实上,该无穷数列的极限即为黄金分割比$\dfrac{1}{2}\left(1+\sqrt{5}\right)=1.618\cdots$,它也是黄金矩形边长的比值。

等角螺线可由黄金矩形的图引出:从一个黄金矩形开始,在其内部如上图自我生成一系列其他黄金矩形。等角螺线可由这些黄金矩形构成。黄金矩

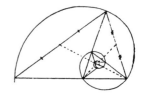

黄金三角形与等角螺线

形的对角线交点即为等角螺线的中心或极点。

黄金分割比又与黄金三角形联系在一起。黄金三角形是底角为72°、顶角为36°的等腰三角形,它也能自我生成,并构成等角螺线。

黄金三角形与五角星之间有着直接联系。五角星的五个点都是黄金三角形的顶点。我们关注$\dfrac{F_n}{F_{n-1}}\to\phi$这一极限是怎样出现在图中

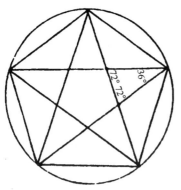

黄金三角形与五边形和五角星

的,这里的φ是黄金分割比的符号,它也可以由其他无穷数列产生。

黄金矩形还可以用来画柏拉图多面体中的正二十面体和正十二面体。正二十面体是有20个面的正凸多面体,它可由3个全等的黄金矩形构建,这3个黄金矩形对称地互相垂直相交,它们的12个顶点即正二十面体的顶点。正十二面体是有12个面的正凸多面体,它也能由3个全等的黄金矩形构建,但这次矩形的12个顶点是十二面体各面的中心。

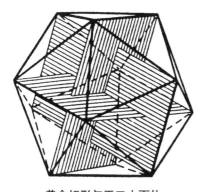

黄金矩形与正二十面体

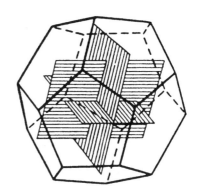

黄金矩形与正十二面体

最后,黄金分割比还与正十边形的外接圆半径与边的比相关,因为正十边形能够分为10个黄金三角形,每个三角形都以圆心作为它的顶点。

以上这些联系是通过千百年时间才被逐渐发现的。正如我们大家看到的那样,有一条共同的线贯穿着这些数学概念,这难道不令人兴奋和惊异吗?

素数的特性

在数的王国中,素数似乎处于一个非常特殊的位置。每一个大于1的正整数都有唯一的素因子分解式。例如,12的素因子分解式是$2 \times 2 \times 3$,而18的素因子分解式是$2 \times 3 \times 3$。

2, 3, 5, 7, 11, 13, 17, 19, 23, 29, 31, 37, 41, 43, 47, 53, 59, 61,…

以下是一些素数特有的性质:

(1)2是唯一的偶素数;

(2)没有比5大的素数能够以5为结尾;

(3)在素数2,3,5,7之后,其他的素数必定以1,3,7,9为结尾;

(4)两个素数的积绝不会是一个完全平方数;

(5)如果将2和3以外的素数加上1或减去1,其结果中必有一个能被6整除。

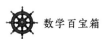

　　千百年来，素数引发了数学家们的浓厚兴趣。哥德巴赫（Christian Goldbach，1690—1764）曾写信给欧拉，说他坚信每个比2大的偶数都能够表示为两个素数的和，例如：$6=3+3；8=5+3；28=23+5$。

　　对此，你是怎样想的呢？

　　欧拉没有能够证明它，也无法予以否定。这个问题至今仍未解决！

π 不 是 一 碟 小 菜

3.14159265358979
3238462643383279
5028841971693993
7510582097494459
2307816406286208
9986280348253421
1706798214808651
32823066···

几个世纪以来,对π估值的竞赛一直在继续。这里似乎没有优胜者,有的只是一条无尽的探索之路! π的估值位数在不断地增多。由 G. 丘德诺夫斯基（Gregory Chudnovsky）和 D. 丘德诺夫斯基（David Chudnovsky）达到的5.35亿位似乎是一个纪录,但没保持多久便被金田康正（Yasumasa Kaneda）所打破。金田康正在1989年8月把π算到了536 870 000位。这个π值填满了110 000张计算机打印纸,并在日本最快的超级计算机上运算了67小时又13分钟。

这种景观是否有一个尽头? 如果计算机的能力和容量都发挥殆尽,那么对π的估值或许才能停下来。

行星的不寻常轨迹

　　下面这些令人叹为观止的对称图案,是人们观察行星体运行所描出的运动轨迹。人们总以为行星运行的轨迹只能是椭圆形,然而图中这些的的确确是从地球看去,水星、金星、火星、木星和土星运行时所描画出的路线!

骰子与高斯曲线

　　正态分布曲线最早在16世纪后半叶为法国数学家棣莫弗（Abraham de Moivre）所关注。在19世纪,高斯（Carl Friedrich Gauss）对此做了进一步的发展,确定了曲线的方程,而高斯曲线的名称也由此而生。

　　下图显示了当掷一对骰子时出现的36种可能的结果。如果关注的是掷出不同数目（从2到12）的频率,那将十分有趣,因为它呈现出高斯曲线!

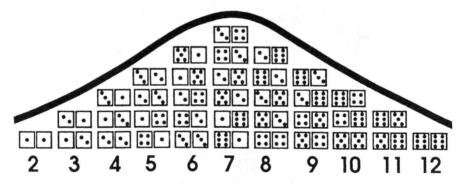

用一对骰子掷出的从2到12的不同组合方式

数学在万物理论中的作用

　　宇宙是怎样诞生的？你能回答这个至关重要的问题吗？在对万物理论(TOE)的不停探索中,科学家们试图发展一种数学模型,这种模型能统一描述自然界中所有的力(电磁力、万有引力、强相互作用力和弱相互作用力)。物理学家相信万物理论是能够找到的,有些人为了追求答案甚至献出了毕生的精力。在今天最流行的万物理论中,物理学家将宇宙的本质与一种叫"超弦"的客体联系在一起。万物理论的一个论点是,宇宙全然由物质和能量组成,它是从一次大爆炸后由超弦的相互作用形成的。超弦理论所描述的宇宙是一种十维空间(九个空间维和一个时间维),空间中具有物质和能量的基础单位便是无穷小弦。该理论进一步推测:在大爆炸的时刻九个空间维是相等的,但只有其中的三个空间维随着宇宙后来的膨胀而膨胀,其余的六维则保持卷缠并被包容于只有10^{-33}厘米跨度的袖珍几何体里(也就是说,10^{33}个这样的几何体排成一行,从一端到另一端只有1厘米)。因此,这些弦的内部应该具有六维。现在,科学家们正试图用六维拓扑模型来描述它们。人们相信这些超弦可以是开的或闭的环,它们通过自身的振动及旋转变化而构成宇宙间不同的物质和能量。换句话说,超弦是根据它们之间如何振动和旋转相区别的。

　　超弦理论的重要性可以媲美爱因斯坦的广义相对论。对四维空间的想象是相当困难的。爱因斯坦所提出的长度、宽度、高度和时间,对于描述一个物体在宇宙中的位置无疑是必须的。十维空间似乎完全不可能,但如果人们把维度作为描述一个物体在宇宙中精确位置用到的数,那么它就变得易于理解了!

有关万物理论的观念演进了近20年。万有引力理论成了超弦理论的推动力之一,因为计算(含引力计算)必须支持该理论的各种形式,会产生数学上的无穷大①。突破性的进展出现于1974年,当时沙尔茨(John Schartz)和舍克斯(Joel Scherks)认为引力是十维空间中使空间产生弯曲的效应,类似于爱因斯坦在四维空间中对引力的描述。

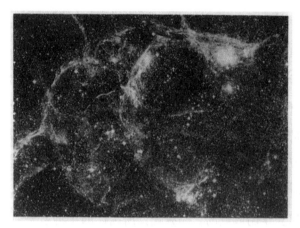

数学在解释宇宙和超弦理论中起了主要作用

数学对于万物理论的支持是强有力的,其结果也是令人信服的。沙尔茨和格林(Michael Green)是这一理论的两个主要创始人,他们在这方面付出了十多年的努力。遗憾的是,他们没有能够从他们的同事那里得到鼓励和支持,因为其他人对于十维空间感到难以接受。不过,他们所发表的论文却引起物理学家严肃、认真的思考。一些科学家主张物理学家要对这种思路采取回避态度以免"浪费"时间,因为它所用到的数学太难了! 超对称性、六维拓扑模型、十维宇宙、无穷小弦等等,都是一些需要加以描述和确认的理论概念。结果,这一理论使一些物理学家转为数学家,同时又使一些数学家转为物理学家。

---

① 数学上的无穷大可以由这样的运算产生,如用0除一个数等等。——原注

数学与地图绘制

　　人们都知道地球并非扁平的,但为了携带方便,我们把地图绘制在一张长方形的纸上。因为地球类似于球体,所以画在球面上的地图才是最精密的地图。一幅球面地图显示出:所有经线长度都相等而且相交于极点;所有的纬线都平行;纬线环绕着球体,越靠近极点长度越短;夹在任意两条纬线间的两经线长度相等;纬线与经线相交成直角。

　　然而,在一张扁平的纸上是不可能绘制出一张精确的地图的。于是球形地图的投影就应运而生。不同类型的投影会使地图上某个特殊的区域较为精确。射影几何的概念对于创作不同的地图是非常有用的。例如,墨卡托投影(柱状或

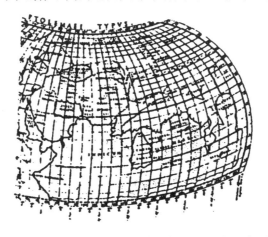

1561年由一位威尼斯制图师所画的托勒玫(Ptolemy)世界地图的一部分

管状投影)使接近赤道的区域较为精确。墨卡托投影的经线并不交汇于极点,因而极点附近的地域显得比实际大。另一方面,天顶投影却能使极点附近的地区较为精确。在地图绘制中也会用到其他类型的投影,如方位投影、圆锥投影、正弦投影、等积比投影、断续投影等等。但不管我们用哪种投影,地图上必然会有一些区域产生歪曲。这就解释了为什么领航员对不同的区域及不同的领航种类(空中或海洋)需要用不同的地图或地图的组合。如果没有射影几何、比例、绘图学及球面几何等知识,地图的绘制只能停留在原始阶段。

螺线——
自然界中的数学

　　螺线的类型几乎与它在自然界和生活中出现的频数一样多,有扁平螺线、三维螺线、右旋和左旋螺线、等角螺线、几何螺线、对数螺线、矩形螺线等等。当人们想到曲线时,最常浮现在脑海中的是圆和椭圆。但还有一些曲线也大量存在于数学里或出现于自然界及自然现象的生成图案中,螺线便属于这种范畴。

　　螺线的特性要通过与圆的比较才能有深刻的感受。绕圆一周的距离(即周长)是有限的,圆还是一条封闭的曲线,圆上的所有点到圆心的距离都相等。而螺线却有一个起点,而且围着它不断地绕下去,其长度可以是无限的。它是一条开放性的曲线,起点与终点不会连接在一起。螺线上的点也不像圆那样与它的极点(起点)等距离。

　　螺线有二维和三维之分。右图是一个平面(二维)螺线的优秀例子。它不是一个个分离的同心圆,而是由单纯的沟槽构成。当螺线围着像圆柱或圆锥那样的物体缠绕时,便形成了空间(三维)螺线,就像 DNA 分子、螺丝钉或螺丝锥那样。三维螺线又

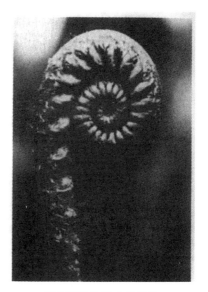

羊齿植物构造中的螺线

称为螺旋。

　　螺线是一种令人兴奋的曲线,无论是在自然现象中还是在其他领域中,都能发现它的踪影,这些领域包括:有蔓植物、贝壳、旋风、飓风、骨的构造、旋涡、银河系、蜘蛛网、建筑和艺术图案等。

不寻常的等角螺线

等角螺线是一种迷人的曲线,它出现在自然界的以下这些生长形式中:鹦鹉螺的壳、向日葵的种子盘、球蛛的网等等。1638年,笛卡儿(René Descartes,1596—1650)首先研究了等角螺线。17世纪后半叶,雅各布·伯努利(Jakob Bernoulli,1654—1705)发现了许多有关它的性质,事实上他对等角螺线情有独钟,临终前特地嘱咐,要求将等角螺线刻在他的墓碑上,并附以简洁而又含义双关的颂词:

"我虽然变了,但却和原来一样!"

等角螺线的一些性质:

(1)螺线的切线与半径所成的角全等——因此采用术语"等角";

(2)$r = ae^{b\cot\theta}$——等角螺线的极坐标方程;

(3)等角螺线按几何比率增长,因此任意的半径被螺线所截的线段构成等比级数;

(4)当等角螺线旋转时,它的大小变了,但它的形状却保持不变。

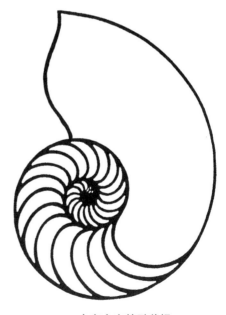

一个有小室的鹦鹉螺

179

检验爱因斯坦的
广义相对论

　　爱因斯坦理论的许多部分都已获得了证明。在爱因斯坦的相对论中,光速不变是其精髓。

　　光速 $c = 299\ 792$ 千米/秒。假设你以一半的光速进行星际旅行,而且正在接近一个光源(一颗恒星)。这颗恒星发出的光,其速度永远是 $299\ 792$ 千米/秒,它不会因你的速度而改变。这种现象的唯一解释是,由于空间的构造使得宇宙飞船里的钟跑慢了,但在你的飞船上没有什么东西能指示这一点。留意你的控制台,你会发现在宇宙飞船上的每件(有生命或无生命的)东西在度量上都变慢或缩短了。

　　事实上,空间和时间的度量是依赖于速度的,速度的增加会使时间慢下来,而且距离(长度或大小)也会缩短。1972年,美国的两位科学家将一个原子钟放在一架喷气机上绕地球飞行。旅行结束后,显示出该钟与地球上同步的钟相比

慢了 $\dfrac{89}{10^9}$ 秒。由线性加速器所进行的其他检验,证实了爱因斯坦相对论中的 $E=mc^2$。相信用不了多久,爱因斯坦广义相对论也将得到检验。斯坦福大学的科学家们[①]与美国宇航局合作,计划了一次航天飞机的空间发射。航天飞机将携带一台专门的旋转仪,用于检验爱因斯坦提出的质量使时空产生弯曲的理论。而正是这种时空的弯曲支配了所有星体(大大小小的恒星和行星)的运动。人们相信,检验的结果将会在科学界造成一场轰动!

---

① 在斯坦福大学,科学家们在这方面所进行的实验工作超过了30年。——原注

构造三角形谜题

在下图中加两条线,构造出10个三角形。

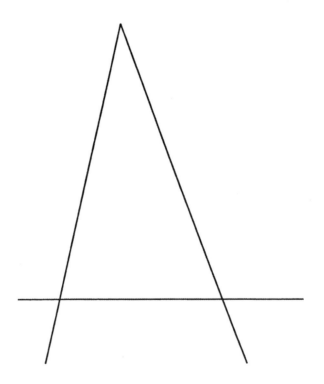

(答案见附录)

费马大定理

新近解决的一个著名的数学问题即费马大定理。费马(Pierre de Fermat)是一位职业律师,他乐于把自己的业余时间都放在数学研究上。他在一本书的页眉处写了下面一段话——

将一个正整数的立方表为两个正整数的立方和;将一个正整数的四次方幂表为两个正整数的四次方幂的和;或者一般地,将一个正整数高于二次的幂表为两个正整数同次幂的和,这都是不可能的。对此,我确信已经找到了令人惊异的证明,但书页的边幅太窄了,无法把它写下来。

命题重新陈述如下:如果n是大于2的自然数,则没有正整数a,b,c会满足$a^n + b^n = c^n$。

> 如果$n > 2$,不存在正整数a,b和c,使得
>
> $$a^n + b^n = c^n$$

这个批注是在他死后被发现的,它向数学家们提出了挑战。几个世纪来,就连最杰出的数学家都拿不准这个问题已证或是未证。而对于证明费马大定理的努力所获得的结果,变得比定理本身的意义更加深远。有人认为费马本人根本没有对定理加以证明,他这样做只是为了使他的同行难堪。虽然如此,350年来它还是激发了许多重要的数学思想和发现。不久前,普林斯顿大学的怀尔斯

（Andrew Wiles）教授发表了一份长达200页的论文《模椭圆曲线和费马大定理》，令数学界振奋不已。怀尔斯在剑桥的一次讲演中宣称他证明了谷山-志村-韦伊猜想（1993年6月），而数学家们普遍认为这是证明费马大定理的关键。目前，数学界普遍对此予以肯定，看来怀尔斯的工作使证明费马大定理画上了句号。

默比乌斯带、π 与
星际旅行

　　数学为科幻作家的写作提供了丰富的思想,诸如第四维、默比乌斯带、超空间、克莱因瓶、π 等都是写作的题材。默比乌斯带的概念是由德国数学家默比乌斯提出的。在《星际旅行:下一代》一书的"时间平方"一节里,默比乌斯带起了关键作用。在那里,默比乌斯带被用于时间。"企业号"飞船进入了一个特殊的时间带,这个时间带的形状就像默比乌斯传送带一样,使他们陷入一个同样顺序事件的无尽循环中,直至船长发现了一种解答为止。

　　在《星际旅行》的另一个情节里,数学充当了英雄,而不是魔鬼角色。在这里,π 被用于击败魔鬼计算机。当斯波克(Spock)问计算机 π 的数值时,由于 π 是无理数(无限不循环小数),迫使计算机全神贯注地进行计算,终于为船员们赢得了击败它的时间。我们热切地希望,其他作家也能在他们的创作中更多地运用数学思想!

$$3.14159265358979323$$
$$8462643383279502884$$
$$1971693993751058209$$
$$74944592307816406\cdots$$

彭罗斯瓷砖

　　类似铺瓷砖的现象随处可见,在龟壳、鱼鳞,甚至人的皮肤细胞上都能很明显地看到,它们看起来就像是镶嵌在一起。几个世纪来,艺术家们就是用这样的方式来镶嵌地板、图画和墙壁。穆斯林艺术家是镶嵌几何图案的能手。埃舍尔发展了前人关于镶嵌的工作,并使之富有生气,他设计的鸟、人、鱼和其他动物看起来栩栩如生。上面提到的镶嵌形式都称为均匀周期镶嵌。在周期镶嵌中,一种基本的图案在人们眼睛往垂直或水平方向移动时,会规则地重复出现。

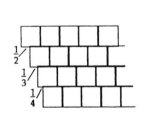
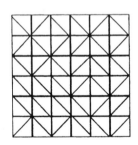

左图是用方形瓷砖交错铺成一排排的非周期镶嵌,右图是用直角三角形排成的非周期镶嵌

　　数学家们相信,如果一种非周期镶嵌能够用特殊形状做出来,那么周期镶嵌也能用同样的形状做出来[①]。然而,1964年,人们却发现了一套只能用于非周期

---

① 用交错的方块和直角三角形拼出的非周期镶嵌的例子,可以重新排列成为周期镶嵌。——原注

镶嵌的瓷砖。这套瓷砖含有 20 000 种不同的形状。由于上述发现,一些人便开始追求更少的瓷砖数量。1974 年,英国数学家、物理学家罗杰·彭罗斯(Roger Penrose)[①]发现了一套能产生无数不同平面的非周期镶嵌的瓷砖。这套瓷砖只有两块,他把它们命名为"飞镖"和"风筝"。这些瓷砖形状如下图,是由菱形[②]、黄金分割比、黄金三角形等要素构成。

"飞镖"和"风筝"必须如上图所示按顶点将匹配的线条接合在一起。

下页图中的七种构形,是用"飞镖"和"风筝"所能组成的全部彭罗斯镶嵌的基本图案。

除用"飞镖"和"风筝"构成非周期镶嵌外,还有以下由菱形所组成的镶嵌,这种镶嵌可以由"飞镖"和"风筝"发展而来。

虽然彭罗斯瓷砖不能形成周期镶嵌,但它们仍具有对称的式样,这种对称被称为五折对称和十折对称。例如,将彭罗斯镶嵌复印在一张透明纸上,并旋转 $\frac{1}{5}$ 圈,会跟原有的图案相重合。

---

① 埃舍尔等艺术家使用的"不可能的三杆"也是彭罗斯创造的。他还对扭量理论进行了解答。虽然扭量是不可见的,但他相信空间和时间是通过扭量的相互作用而交织在一起。——原注

② 菱形瓷砖可以有周期性。将菱形(由一个"飞镖"和一个"风筝"组成)边和边靠在一起,便能创造出一个周期镶嵌。所以彭罗斯镶嵌要避免用这种方式放置菱形。——原注

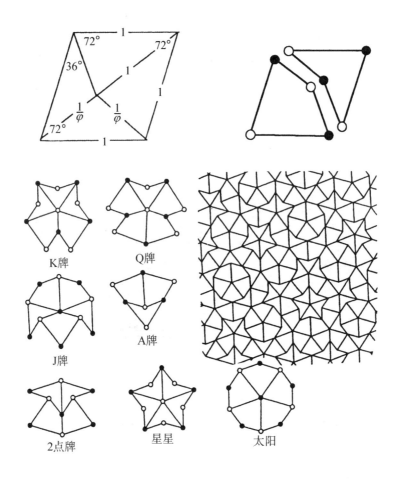

K牌   Q牌

J牌   A牌

2点牌   星星   太阳

　　通常情况下,数学概念难以激起数学圈外人士的兴趣,但彭罗斯的发现却是一个例外。1982年,一项实际应用的发现使得非数学界对此注目。化学家施特曼(Daniel Shechtman)发现了一种锰和铝结合的方式,由此得到一种超强度的合金。但他发现该合金的晶体结构不服从现有的巴洛定律①。这种晶体具有五折对称。

　　起初科学家们并不认真看待施特曼的结果,因为他们总认为晶体是不可能

---

①　巴洛定律(一个数学定理)的陈述是:对于平面和空间的周期性镶嵌,五折对称是不可行的。科学家们在他们的工作中运用这个定理,从而不考虑晶体非周期镶嵌的可能性。——原注

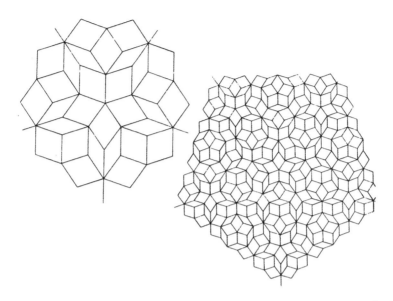

有五折对称的。在这种新合金出现之前,人们认为将晶体绕轴旋转 $\frac{1}{2}$、$\frac{1}{3}$、$\frac{1}{4}$、$\frac{1}{6}$ 圈能够产生完全相同的图案,但旋转 $\frac{1}{5}$ 圈则不可能[①]。但当科学家们开始把它与彭罗斯二维瓷砖联系起来时,他们的想法产生了变化。不仅如此,科学家们还利用彭罗斯的想法创造出了三维的镶嵌模型,以描述特定晶体的构造。

彭罗斯瓷砖激发了众多的思路,发展出了令人迷惑的数学联系,创造了"新的世界"。这两种简单的形状,成了创造无数不同镶嵌的基础。想要发现"飞镖"和"风筝"的更多性质和其他组合方式,需要通过创作你自己的"彭罗斯镶嵌"来实现。

数学家们还发现了许多其他的瓷砖组合,可用于创造非周期镶嵌。但有一个问题依然尚未解决,即是否存在单一形状的瓷砖,它只能用于平面的非周期镶嵌?

---

① 显然,这种争议类似于为什么正五边形不可能镶嵌成一个平面。——原注

位值数字系统
来自何方

今天我们把位值的概念视为理所当然。我们教孩子写的数是十进制的,它似乎成了我们的第二个理所当然,一种很自然的写法。一个令人惊奇的事实是,从最初用记号或棍子表示数量,到古巴比伦人产生位值概念(约公元前2000年至公元前1000年),前后经历了约28 000年。而同样令人惊奇的是,最初的位值系统并非十进制,而是六十进制。在漫长的28 000年间,各种不同的文化发展出了各种不同的数和量的符号,但没有表示位值的系统,为了表达较多的数量只能不断地重复使用符号。例如,古埃及人最早的数是采用象形符号并基于重复的原则。象形符号有: $\mathbf{I}$ = 1, $\mathbf{\cap}$ = 10, $\mathbf{9}$ = 100, $\mathbf{\hat{\imath}}$ = 1000 等等,要写一个量则需要重复其符号。用古埃及人的象形符号写34,必须写为 $\text{IIII}\,\cap\cap\cap$。

已知最为古老的位值系统是古巴比伦的苏美尔人①的六十进制。但他们只用两个符号:1 = $\mathbf{Y}$ 和 10 = $\mathbf{\langle}$ 来表示从0到59的数。这一系统最主要的困难之一是,它缺少零。试想我们现代的数的系统中若没有零的符号,那么202跟22、2002、220等不就混起来了吗?如果需要一个数作为一个占位符,那么它的值要由所写的上下文来确定。后来人们进行了一种改进,把空位当作一个占位符。但这样依然无法解决数的末尾是零的问题,它们的值还得依赖于所写的上下文。

---

① 生活于古代幼发拉底河下游地区的一个部落。——译注

在公元前4世纪到公元前1世纪间,古巴比伦人发明了符号  或 作为占位符。由于这个类似"零"的发明,古巴比伦人能够写出分数的表示式。一个数以零的符号开始就表明它是一个分数。例如:

$$\text{上} \langle \text{YY} \langle\langle = 0°15'20'' \left(= 0 + \frac{15}{60} + \frac{20}{3600} \right)}_\circ$$

但要表示"什么都没有"(即零),则并没有直接使用零的符号,或与零的符号相联系。

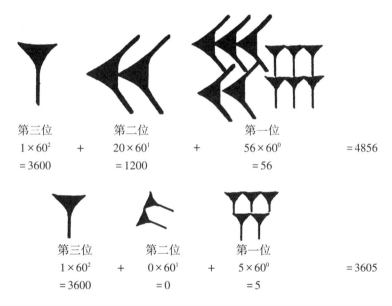

在公元前**2000**年至公元前**1000**年期间,古巴比伦学者发展了第一个真正的位值数字系统

上述概念随着岁月的流逝而逐渐演化。起初是希腊人,后来是阿拉伯人和犹太人的天文学家采用了古巴比伦人的记数法,并把位置上的楔形数字改成他们字母表上的字母,并用于天文表。公元500年左右,印度人发明了一种十进制记数法。在该记数法中,对所用的符号加以标准化,超过9的字母一概不用,而由位值组成。

今天,我们依然能够找到古巴比伦人所用的六十进制的证据,如测量角(度、分、秒)和时间(时、分、秒)使用的单位就是六十进制。

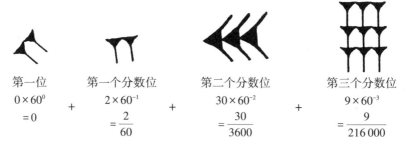

第一位	第一个分数位	第二个分数位	第三个分数位
0×60^{0}	2×60^{-1}	30×60^{-2}	9×60^{-3}
$= 0$	$= \dfrac{2}{60}$	$= \dfrac{30}{3600}$	$= \dfrac{9}{216\,000}$

巴比伦的天文学家用第一位由零符号开始的数来表示六十进制的分数

如果没有进制系统的发明,人们都用类似于罗马数字系统那样的符号来进行计算,那么你能想象得到,这会是一项何等惊人和艰巨的任务。又如果没有二进制系统,计算机将怎样发展?程序该如何设计?如果位值的进制不是逐渐演化而来,而是让一些人去决定的话,那么十进制就未必是人们的最佳选择。例如,18世纪法国的蒲丰(George Louis Leclerc de Buffon)伯爵就提出采用十二进制,因为12有4个因子而10只有2个。但著名数学家拉格朗日(Joseph Louis Lagrange)却提倡采用素数进制,因为每一个采用这种进制系统的分数都可以用约简后的唯一形式表示。例如,十进制小数0.40至少有三种分数表示法:

$$\frac{40}{100} = \frac{4}{10} = \frac{2}{5}。$$

然而在一个素数进制里,当把小数变换为分数时,由于分母只有同样的素数因子,因而与它相等的分数将减到最少。例如,在七进制中$(0.24)_7 = \dfrac{(20)_7}{7^2}$,它不能约简,也没有与它相等的分数;而$(0.020)_7 = \dfrac{(20)_7}{7^3}$可约简为$\dfrac{2}{7^2}$。人们不禁会想,最终选择十进制,大概只是由于我们全都长有十个指头吧。

你出生在星期几

我们能够很容易确定一件事发生或将要发生在星期几。

例如:计算 1990 年 8 月 27 日是星期几。

步骤:

(1) 取年份的后两位,1990 取 90;

(2) 将它除以 4,如果有余数则舍去,

$$90 \div 4 = 22(余 2,舍去);$$

(3) 查找"月份对应的数",找出对应于 8 月的数是 3;

(4) 把时间中的日期数(这里是 27)加上从步骤 1 到步骤 3 所得的数,我们有:

$$27 + 90 + 22 + 3 = 142;$$

(5) 将上面的和除以 7,我们得出:

$$142 \div 7 = 20\cdots\cdots 2$$

(注意:如果余数为 0,则用 7 作为余数);

(6) 从"世纪对应的数"中找出 1990 对应的数(我们看到它是 0),把它加到步骤 5 所得到的余数上:

$$2 + 0 = 2。$$

月份对应的数	
January	1
February	4
March	4
April	0
May	2
June	5
July	0
August	3
September	6
October	1
November	4
December	6

If it's a leap year, January is 0 and February is 3.

星期几对应的数
Sunday is 1
Monday is 2
Tuesday is 3
Wednesday is 4
Thursday is 5
Friday is 6
Saturday is 7

世纪对应的数
For date from– Sept. 16, 1752 to 1700 add 4.
For date from–1800 to 1899 add 2.
For date from–1900 to 1999 add 0.
For date from–2000 to 2099 add 6.
For date from–2100 to 2199 add 4.

这个2能告诉我们这一天是星期几。在"星期几对应的数"中找出这个数，我们看到对应于它的是星期一。

你出生在哪一天？知道它是星期几吗？

一个超立方体的投影

平面射影几何研究的是当一个平面物体投射在另一个平面上时仍然保持不变的性质。例如,当一个平面图形通过一点投射到另一个平面上时,该图形的有些性质得以保留,而另一些性质则改变了。如线的投影还是线,三角形的投影依旧为三角形,但圆却未必投影为圆。它也可能投射成椭圆,这主要依赖于投影点的位置。在一般情况下,距离、全等、角的度量等性质在投射后并不保持原状。

三维的物体投射在一个平面上时会显示出一些有趣的性质。右图是一个三维的立方体在二维平面上的投影,结果立方体的六个面能同时看到。假如现在要你极尽想象力,那么你能想象出一个四维的超立方体在三维空间中的投影吗?

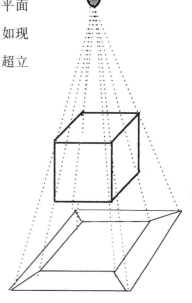

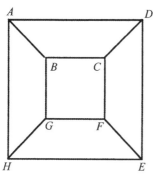

六个面是 *ABCD*,*ABGH*,*HGFE*,*CDEF*,*ADEH* 及 *BCFG*

195

爱因斯坦的"隐私"

1990年2月,美国科学促进会年会就爱因斯坦是否应当享有他理论的全部荣誉问题展开了热烈讨论。普勒茨(Senta Troemel Ploetz)的书《在爱因斯坦的影子里——米列娃·马里奇的悲剧生活》是引发这场讨论的起因。1896年,爱因斯坦与马里奇(Mileva Marić)在瑞士联邦理工大学就学时相识。他们于1903年结婚,1914年离异。普勒茨的观点是:爱因斯坦的工作是两人合作的成果,证据如下:

(1)他们选的几乎是同样的课程;

(2)他们写的毕业论文涉及同样领域;

(3)两人都未通过1900年的最后一场考试,但爱因斯坦被允许毕业;

(4)在1982年前,瑞士的大学允许对男生和女生采用不同的标准;

(5)马里奇如果不是很有才华的话,是不可能在一所男性居优势的学校学习而且被允许研究物理的;

(6)据说马里奇告诉过她父亲,她和爱因斯坦新近结束了一项非常重要的工作,它会使爱因斯坦出名。同年,爱因斯坦发表了关于相对论、布朗运动和光电效应的论文(为此,爱因斯坦获得了1921年诺贝尔物理学奖);

(7)爱因斯坦把他获得的诺贝尔奖奖金全部给了马里奇,她用这些钱照料他们患有严重精神病的儿子;

（8）更进一步的证据牵涉爱因斯坦给马里奇的41封信,信中多次提到"我们的探索"和"我们的工作"。然而马里奇给爱因斯坦的信只保留下来10封,而且没有一封提到物理。爱因斯坦在41封信中经常就物理和理论知识向马里奇表示感谢,而马里奇现存的信中却没有提到;

（9）马里奇跟物理学家哈布里奇(Paul Habricht)一起工作,开发了一种测量小电流的仪器,而其专利的署名却是爱因斯坦和哈布里奇;

（10）普勒茨指出,那个时代男人占有女人的成果并得到荣誉是普遍的事。此外,还可能是双方达成默契,即隐瞒马里奇的贡献以增加爱因斯坦取得大学职位的机会。

数学洗牌法

用一双熟练的手和一副纸牌,便可以表演"魔术"。

例如,一副52张牌能够通过8次完美洗牌法①而彻底改变它原有的顺序。所谓完美洗牌法是指把一副牌分成两半并对插错开。但对斯坦福大学迪亚科尼斯(Persi Diaconis)那样的数学魔术师来说,有一个公式可以让他通过多次完美洗牌法将一副牌变换成所有特定的牌序。

遗憾的是,这门手艺不太容易。经过多年的深入研究,并借助巧妙的假定和计算机的威力,该公式终于被发现并借助计算机得到证明②。像多数的数学发现那样,一件东西的出现会引出它与另一件东西间的数学联系。如对这种情况来说,每副牌的可能排列竟然与数学中的群论联系在一起。

---

① 有两种完美洗牌法——一种是让第一张牌保留在最上面,另一种是让第一张牌变成第二张。——原注

② 迪亚科尼斯、贝尔实验室的葛立恒(Ronald Graham)和在俄勒冈大学工作的威廉·康托尔(William Kantor)合作,发现了该排序公式。——原注

数学与迷信

上了年纪的人对于数都会有一种特殊的感受。一些人相信,数除了描述一个特定的量之外,还具有运气或其他的力量。许多人都有自己的幸运数,而许多不同文化的人还认为诸如13这样的数是不吉利的。

毕达哥拉斯学派认为数统治着宇宙。他们把整数看得特别重要,并相信如果你能掌握它们的用法,那么你就将了解并影响宇宙的进程。他们甚至认为数是影响动机、健康、公正、婚姻等等的原因。例如:1是所有数的起源;偶数是阴性的,而2是第一个偶数,它代表变化多端;3是第一个阳性的数,它是由1和2构成的,代表单一和多变所构成的和谐;4是一个完全平方数,它代表公正;5表示婚姻,因为它是由第一个阴性的数和第一个阳性的数所构成。

曼荼罗是一种古代的宗教符号,4这个数是它的要素之一,通常是圆内部套一个正方形,或者是分为多个正方形或4的倍数个方位

数学、分形与龙

分形已被归为描述自然的几何学。虽然自然界里有欧几里得几何体的丰富例子(诸如正方形、三角形、六边形、圆、立方体、四面体……),但许多随机的自然现象似乎难以用欧几里得几何进行描述。对这类情况,分形给出了最好的描述。

我们知道,欧几里得几何被大量用于描述像晶体、蜂巢之类的物体,但人们很难在欧氏几何中找到描述诸如爆米花、烘烤物品、树皮、云朵、姜根和海岸线等对象的方法。

欧几里得几何发祥于古希腊(约公元前300年,欧几里得写下了《几何原本》),而分形出现的时间则迟至19世纪。事实上,分形这个术语直到1975年才由芒德布罗创造出来。

分形有两种类型,一是几何分形,二是随机分形。分形的性质是多样的。例如,在平面上分形的维数是在1与2之间的分数,而在空间里分形的维数则在2与3之间。在分形的世界里,我们不能把它说成是二维或三维的,而应说它是1.75维或2.3维等等。在分形几何里,海岸线的长度被认为是无限的,因为每个小小的海湾和沙滩都被测量,而这些海湾和沙滩的测量值在不断地变化,就像在龙形曲线构造里那样。

分形有许多形式和用途。一组分形具有以下性质:它的精细部分不会损失,放大后具有与原先相同的结构。右图所示的例子是切萨罗曲线。

切萨罗曲线

分形的新应用不断被发现。因为分形能够用递推函数加以描述(斐波那契数列就是一个递推的例子,它的每一项都等于前两项的和),所以用计算机生成分形是个理想选择。计算机被用于生成分形场景,如在1986年的达拉斯计算机展上,皮克斯公司就演示了电影《星际旅行Ⅱ:可汗的愤怒》中新行星的诞生,《星球大战:绝地归来》中行星在太空飘浮等壮观场面。分形还能用于描述和预测不同生态系统的演化(如佐治亚州奥克弗诺基沼泽的生态变化[①])。事实上,用分形来处理生态系统已成为当前的一种主要手段,它对于确定酸雨的扩散和研究其他环境污染问题也发挥了重要作用。

分形打开了一扇全新的令人兴奋的几何学大门。这一新的数学领域触及我们生活的方方面面,诸如自然现象的描述、电影摄影术、天文学、经济学、气象

---

① 黑斯廷(Harold Hasting)是纽约霍夫斯特拉大学的一名数学家。他用分形为奥克弗诺基沼泽的生态系统做了一个动态模型。将针叶林及柏木的地图与随机分形地图相比较,结果无需更多历史资料便能得出,在物种竞争中怎样的种类能够生存下来。——原注

学、生态学等等。分形能够产生具有出人意料性质的古怪物体。它的应用是如此广泛,它的特性是如此迷人。这个我们拥有的新几何学,甚至可以描述变化中的宇宙!

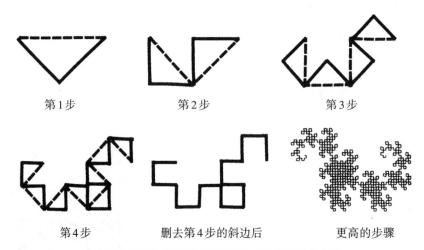

用等腰直角三角形构造龙形曲线,虚线指删去的斜边

龙形曲线是由物理学家海韦(John E. Heighway)最先发现的,它可以通过若干步骤形成。这里所用的方法类似于生成雪花曲线。在雪花曲线中,我们从一个等边三角形开始,然后将各条边三等分,并在各边的中段向外作一个较小的等边三角形,再持续进行同样的过程。而龙形曲线是由一个去掉斜边的等腰直角三角形开始的,以该等腰直角三角形的直角边为斜边作另外的等腰直角三角形,然后删去该斜边;再以这些新等腰直角三角形的直角边为斜边作另外的等腰直角三角形,不要忘记删去这些斜边,如此等等。

现在,你可以尝试创造你自己的分形,从一些其他类型的几何对象开始,并设计一种类似的程序。

叠放正方形问题

八个全等的正方形一个个叠着放。如果标号为8的正方形是最后放的,试确定其他7个正方形放置的顺序,使得最终结果看上去如图中那样排列。

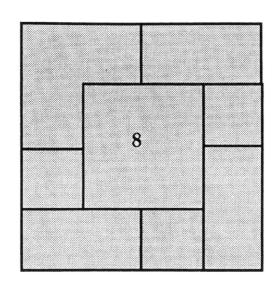

(答案见附录)

日本刀剑中的
指数幂

在日本,刀剑的制造是一门艺术,又是一种古老而令人崇敬的职业。它是通过父亲传给儿子,师傅传给徒弟这种秘密的方法承继下去的。在制造刀剑时,工匠们要遵循一种特殊的宗教传统,并穿着仪式服装。

首先,工匠们特别小心和巧妙地将许多钢条焊到铁杆上去,铁杆是作为手柄用的。钢条长6—8英寸、宽1.25—2英寸。因为刀剑应当刚柔并济,所以它必须具有多层结构。锻造时,钢条的温度先被提高到焊合点,接着折叠、焊合,然后锻打成原先的大小。要避免与油脂类以及可能产生裂缝的物质接触。在这期间自然要小心,绝不能让金属部分碰到手。上述折叠、焊合、锻打的过程要重复做上多次。实际上,它重复进行了22次,产生了$2^{22} = 4\,194\,302$层的钢。在每次锻打钢条时要交错放入油和水中冷却,而后用铁锤打成所希望的长度和形状。

反雪花曲线

让我们看看在雪花曲线形成的过程中,将加上去的等边三角形转换一个方向会出现什么情形[①]。

生成一条雪花曲线是从一个等边三角形开始的。把三角形的每条边等分成三段,并在中间的一段向外作一个小的等边三角形,再删去新三角形位于旧三角形边上的底。继续这个过程,将每个等边三角形的边再等分成三段,并在中段向外作更小的等边三角形,如此等等。雪花曲线就是在不断重复这样的过程中产生的。

如果我们作的小等边三角形不是向外而是向内,这样生成的曲线称为反雪花曲线。

与雪花曲线一样,反雪花曲线也有无限的周长和有限的面积。而且允许人们能够将它画在一张纸上,而不必延伸到纸外空间去。

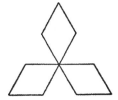
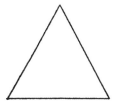
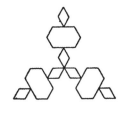

[①] 雪花曲线是一种几何分形,最早是1904年科赫(Helge von Koch)在研究具有无限周长和有限面积的曲线时采用的,所以也被称为科赫曲线。——原注

当数学遇到棒球

1845年，纽约《先驱报》刊登了第一份棒球统计资料。这份早期的报告记录了每个选手得分和出局的总数，它是今天用计算机统计棒球资料的先驱。我们会发现，这类资料包含了一系列的信息，从跑垒、保送上垒、犯规动作到高飞牺牲打等等。

有许多变量需要考虑。例如，如果用跑垒来作为统计基础，那么怎样区分全垒打与盗本垒呢？而到达垒上的选手又该如何算呢？对于安打，怎样区分一垒与三垒呢？怎样利用投球和接球的信息？一名选手盗垒的能力与击球的能力哪

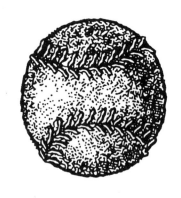

个更重要呢？计算机和线性规划能够带来许多有价值的因素。通过统计分析，你能得出什么结论呢？这就是赛伯计量学[①]。它研究了棒球领域的全部有效资料，并对信息做了最佳分析。事实上，在索恩（John Thorn）和帕尔默（Pete Palmer）的《棒球游戏的秘密》一书中我们找到了一个公式，该公式分析了在跑垒中的犯规动作，得出：

[①] 赛伯计量学源自美国棒球研究会，1971年建立，用于棒球历史及统计资料的研究。——原注

跑垒 = 0.46(一垒) + 0.8(双垒) + 1.02(三垒) + 1.4(全垒) + 0.33(保送上垒 + 安打) + 0.3(盗垒) − 0.6(盗垒阻杀) − 0.25(打数 − 安打) − 0.5(出局)。

自然,为了在比赛中获得所有选手的资料,而且能很快完成计算,场边必须有一台计算机。这些统计分析太难以置信了吗?还是让我们玩球吧!

克里特岛的数字

公元前2200年至公元前1400年的克里特岛文明是欧洲最早的文明之一。早期克里特的人用象形文字书写文件,被称为"线形文字A",至今仍未被破译。而另一种被称为"线形文字B"的书写形式则更多采用图式符号而非象形文字,它在二战后为温彻斯特(A. Ventrist)所破译。在考古发掘中,从黏土板、花瓶

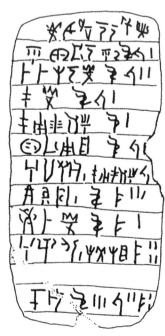

一块从克诺索斯发掘出的黏土板

的条纹、宗教匾牌、图章、标记和铸铜件表面等处,都能发现"线形文字 A"和"线形文字 B"的例子。黏土板上引人注目的是上面的记账系统,米诺斯人(早期的克里特岛人)用它作为清单,而黏土板大概是一种保存账目或资料的工具。上面的数是十进制的,但他们写一个数时更多采用重复的符号而不是用位置值。

他们用:

▌或)代表1,

●或○代表10,

/或\代表100。

如160写为 ○○ ○○ ○○ / 。

在"线形文字 A"中, ◈ 被用来代表1000。

此外,考古发掘揭示,黏土板上的书写有两种方向:一种是从右向左,另一种是从左向右。

阿达与计算机程序设计

无论分析机做出什么东西都不要大惊小怪。它能做各种各样的事情,只要我们知道怎样命令它去执行。它能从事分析,但却无法预测任何分析的结果或真实情况。它的职责就是在我们已经熟悉的范围内有效地帮助我们。

——阿达·洛夫莱斯(Ada Byron Lovelace)

下页图中所列的是这些年来人们设计出的计算机语言,这些语言像外语一样多。当由一种特殊语言设计的程序不适合人们的需要时,就必须加以变更,这样一种新的计算机语言就诞生了。但所有这些又是何时、何地及怎样起始的呢?

这项历史始于巴比奇(Charles Babbage)设计的差分机和分析机——第一台雏形计算机。这种计算机能按设计的程序进行计算,输入指令并遵循指令执行操作。不幸的是,当时的技术不足以支持建造巴比奇设想中的计算机。

虽然阿达·洛夫莱斯的名字在数学史的书上不常见到,但她还是作为最早的计算机程序员之一而载入史册。阿达生于 1821 年,是英国诗人拜伦勋爵(George Gordon Byron)的女儿。她对数学总是充满着强烈的兴趣和热情。在她生活的那个年代,女人经常被阻挡于科学研究之外,但她幸运地有德摩根(Augustus De Morgan)的学生玛丽·萨默维尔(Mary Sommerville)这个朋友,这使她有

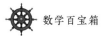

机会请教数学问题。在 19 岁时,阿达跟后来成为洛夫莱斯伯爵的金(William King)结婚,并生育了两个儿子和一个女儿。她丈夫非常支持她对数学的爱好,而且她的丈夫、母亲和仆人还帮忙照料她的孩子。这使她能腾出时间倾注于数学研究。但她是怎样卷入计算机程序设计的呢?

> **ADA** • **BASIC** ○ FACT • *CORAL* ○ *LOT* •
> **SIMSCRIPT** • COMIT • *ADAM* •
> *FORTRAN* ○ **AESOP** • COGENT
> AIMACO • **ALTRAN** • JOVIAL ○ *DPS* ○
> **SNOBOL** • *META* • **DIAMAG** • DYSAC
> FLOW-MATIC • **DYNAMO** • *FLAP* ○
> *SMALLTALK* ○ COBOL • **LISP** • PAL
> **BUGSYS** • *AMTRAN* • **GPSS** ○ DAS
> **MAD** • *COURSEWRITER* • ALGY • IT
> **FORTH** • *FORMAC* • STRESS • *ALGOL*
> PASCAL ○ *C* • **PRINT** • LOLITA ○
> MAP • *LOTIS* • **TMP** ○ BASEBALL • *GPL*
> **PILOT** ○ **LOGO** • PL/1 • *DIMATE* •
> *A collage of some of the names of computer languages that have been developed over the years.*

若干年来设计出的一些计算机语言

在 10 岁时,阿达第一次遇到巴比奇。那时她跟着一群成年人去参观巴比奇的实验室,实验室里那些令人惊奇的机器吸引着伦敦社会的目光。阿达给巴比奇留下了深刻的印象,因为她是参观者中少数几个能对他的机器和他的工作提出有见解和思想深度的问题的人之一。在 21 岁时,她写信给巴比奇,请求他做自己的导师。一年后,她承担了翻译法语论文《论巴比奇的分析机》的任务。她不单做了翻译工作,而且还加上了长达论文三倍的注解。她对机器做了详尽的数学解析,描述了它的部件,并列举了其可能的用途。实际上,阿达描述了一台尚未存在的计算机。在注解中,她甚至为这台虚有的机器写下了用它计算伯努利数的计算机程序。当政府撤销了对分析机研究的支持后,尽管巴比奇还继续在较小的样机上工作,但他们的财政状况变得拮据起来,这使得对机器的新的研究工作陷于停顿。其间,不知什么原因(莫非她想得到更多的钱让计算机的设计能得以继续?),阿达不幸成为无节制的赌徒,在赛马上输掉了大量金钱。雪上加霜的是,她又不幸患了癌症,终于英年早逝,年仅36岁。

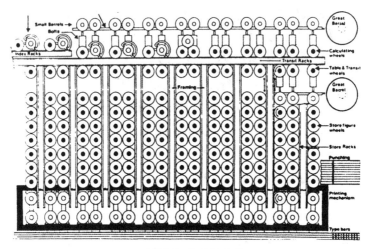

对分析机方案的注释

巴比奇的设计在某种程度上是现代计算机的先声。为了纪念巴比奇和阿达,IBM公司建造了一个分析机的工作模型作为纪念物。为了表彰阿达在程序设计方面的功勋,人们用她的名字ADA作为一种计算机语言的名称。

亚里士多德的
一项工作

下图是亚里士多德(Aristotle)后期手稿《分析》中的一段。该文指出了几何与逻辑之间的联系。

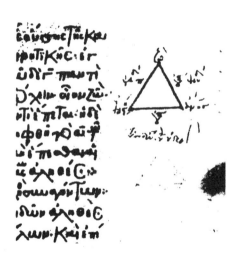

此件摘自巴塞尔大学图书室

暗　　箱

几个世纪以来,暗箱一直令人生畏并带给人们许多想象。今天,借助高技术的特效,暗箱依然能够创造出令人难以置信的影像,因而为世界各地的天文学家、艺术家、电影摄影师、发明家和魔术师广泛使用。

暗箱——意即黑暗的房间——是一项有趣的发明。人们可以推想最初发明暗箱的情景:某人进入一个黑暗的房间,那里有一束光线穿过一个非常小的洞射进来。此人进来的时候带着蜡烛,关好门后由于偶然的因素蜡烛熄灭了。这人

一个早期暗箱的内部。今天,人们用抛物线形的屏幕和机械化装置来产生更精致的影像

发现房间里有一束光线照射着,并在墙上投影出一个像。令人惊讶的是,他所看到的竟是洞所在的墙外面的景象,只是像是倒立的。这就是最初的暗箱,它是一个黑暗的房间或盒子,带有一个能允许光线进入的针孔般的洞,光线透过针孔投射出外面物体的倒立像。千百年来,人们据此制作出各种模型。

公元前4世纪,中国的墨家用暗箱进行了光学研究。直到公元8世纪,暗箱才在中国和伊斯兰国家得到广泛应用。达·芬奇也曾对这类设计着迷。在他的图画中,有一张显示了暗箱的用法,该画创作于1519年。之后出现了手提式暗箱,只有人们的口袋那么大。16世纪的艺术家还将它进行改造,用以描画暗箱外面物体的投射像。到了19世纪,凹凸透镜和平面镜开始被用于产生正立和倒立的像。1826年,涅普斯

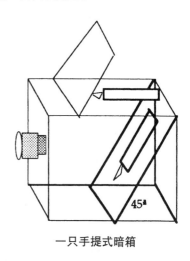

一只手提式暗箱

(Joseph Nicéphore Niépce)通过暗箱把一个像投射在感光纸上,结果导致了摄影照相的发明。

利用光学的科学原理和投影的数学概念,这种奇异而精巧的光学器件可经过改造被用于其他方面。例如,天文学家用暗箱来观察日食,使眼睛不会受到损害。

轿和帐篷——艺术家使用的暗箱模型

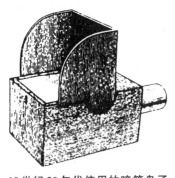

19世纪30年代使用的暗箱盘子模型

今天,世界上只有少数几个场所可供人们亲身体验暗箱。其中之一是位于加利福尼亚旧金山的"悬屋"。它的特色是:光学元件"针孔"安在屋顶上,通过机械装置可在18°的增量内旋转,并通过一系列的平面镜和凹凸透镜将外面的景观反射到一面直径将近4英尺的抛物线状屏幕上。进入这个黑暗的房间体验暗箱将给人一种不可思议的感受。首先,你似乎感到是在观看一幅运动的图画,但你会立即察觉到这是一幅正在外面发生的实际画面。真正使人吃惊的是,这一切都是由进入一个小孔的光线投影创造的。当你亲眼看到这一切时,你就能体会到第一次发现暗箱时的惊奇感受。而你也会了解为什么有人相信它是魔术或某种巫术。

两个亚利桑那弗拉格斯拉夫人和他们建造的四人可移动暗箱

一台古希腊的计算机

1900年，一艘古代的失事船只在克里特岛附近的安特基西拉被发现。人们在船上找到了陶器、雕刻作品和青铜雕像，以及一件不同寻常的青铜人造物。

1951年，耶鲁大学的普赖斯（Derek de Solla Price）教授研究了这件人造物，得出的结论是：该物件约制作于公元前78年，可能是古希腊的一台计算机器，用于确定太阳、月亮的运动，以及过去、现在和将来的月相的盈亏。他说，这个物件由指针、码盘以及30多个不同大小、平行啮合的齿轮组成。这些齿轮可以绕轴以不同的速度旋转。没有什么著作提到这一时期有这样的物品，但有一个类似的机械装置曾经为西塞洛及后来的奥维德所提到[1]。西塞洛描述过一件公元前3世纪阿基米德设计的工具，该工具能模拟太阳、月亮及五大行星的运动。

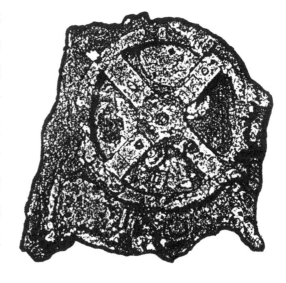

---

[1] 西塞洛（Cicero，公元前106—公元前43）是罗马时期的政治家、演说家和作家，奥维德（公元前43—公元17）是罗马诗人。——译注

模运算——
算术的艺术

模运算即求余运算,其结果是两个数值进行除法运算后的余数。当数从模运算的乘法表变换到圆上时,会出现许多有趣的图案。例如,下图是由模(mod) 19的乘法表中的第2行数字构造出来的(该行通常记作19,2)。

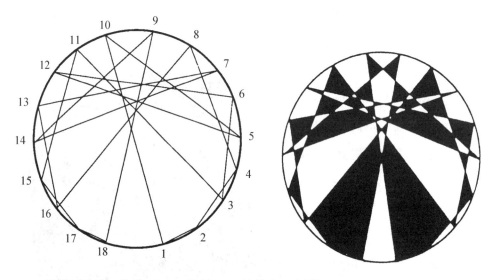

具体过程是:将从1至18像钟面上的数字那样等间隔地写成一圈,然后用线段将模19的乘法表中上下对应的数连接起来,如1与2,2与4,3与6,4与8,5与10,6与12,7与14,8与16,9与18,10与1,11与3,等等。最后用不同的方法涂色,以产生艺术效果。

×	0	1	2	3	4	5	6	7	8	9	10	11	12	13	14	15	16	17	18
0	0	0	0	0	0	0	0	0	0	0	0	0	0	0	0	0	0	0	0
1	0	1	2	3	4	5	6	7	8	9	10	11	12	13	14	15	16	17	18
2	0	2	4	6	8	10	12	14	16	18	1	3	5	7	9	11	13	15	17
3	0	3	6	9	12	15	18	2	5	8	11	14	17	1	4	7	10	13	16
4	0	4	8	12	16	1	5	9	13	17	2	6	10	14	18	3	7	11	15
5	0	5	10	15	1	6	11	16	2	7	12	17	3	8	13	18	4	9	14
6	0	6	12	18	5	11	17	4	10	16	3	9	15	2	8	14	1	7	13
7	0	7	14	2	9	16	4	11	18	6	13	1	8	15	3	10	17	5	12
8	0	8	16	5	13	2	10	18	7	15	4	12	1	9	17	6	14	3	11
9	0	9	18	8	17	7	16	6	15	5	14	4	13	3	12	2	11	1	10
10	0	10	1	11	2	12	3	13	4	14	5	15	6	16	7	17	8	18	9
11	0	11	3	14	6	17	9	1	12	4	15	7	18	10	2	13	5	16	8
12	0	12	5	17	10	3	15	8	1	13	6	18	11	4	16	9	2	14	7
13	0	13	7	1	14	8	2	15	9	3	16	10	4	17	11	5	18	12	6
14	0	14	9	4	18	13	8	3	17	12	7	2	16	11	6	1	15	10	5
15	0	15	11	7	3	18	14	10	6	2	17	13	9	5	1	16	12	8	4
16	0	16	13	10	7	4	1	17	14	11	8	5	2	18	15	12	9	6	3
17	0	17	15	13	11	9	7	5	3	1	18	16	14	12	10	8	6	4	2
18	0	18	17	16	15	14	13	12	11	10	9	8	7	6	5	4	3	2	1

模 19 的乘法表

形状与色调谜题

每种形状都有四种色调,把它们放在格子里,使得每行和每列都有四种不同的形状和四种不同的色调。

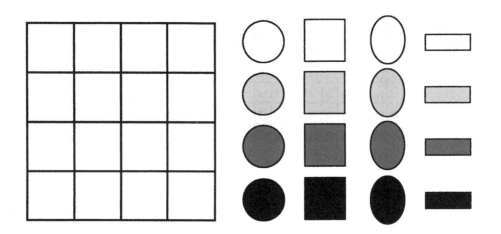

(附录中给出了一种解答)

$e^{\pi\sqrt{163}}$ **是整数吗**

三个无理数 e, π 和 $\sqrt{163}$ 能够组合形成一个整数,这似乎太令人惊奇了!事实上,印度数学家拉马努金首先推测 $e^{\pi\sqrt{163}}$ 是一个整数,因为他发现该数值为:

262 537 412 640 768 743.999…

因而感到它可能会是一个整数。

1972年,人们用计算机计算,居然得到小数点后200万位的9,但是要证明它是一个整数,人们必须知道这个9是否会永远重复下去。

最后,亚利桑那大学的布里洛(John Brillo)在1974年证明了这个数等于262 537 412 640 768 744,但他真的证明了吗[1]?

$$262537412$$
$$640768744$$

---

[1] 事实上,这个数不是一个整数。这个近似值只是一个愚人节数学玩笑,刊于1975年4月出版的《科学美国人》。"数学玩笑"一节中还有另一个马丁·加德纳开的玩笑,引自马丁·加德纳《时间旅行》一书第136页。——原注

221

帕斯卡三角形的图案

当用以下方式盖住帕斯卡三角形中的数时,将出现一种迷人的图案:对奇数,画一个圆圈住它并用铅笔将圆涂成灰色;对偶数,则只画一个圆圈住它。

在这样的帕斯卡三角形(也称算术三角形)中,这种由数形成的图案会自我放大,并且会自上而下地不断推进。

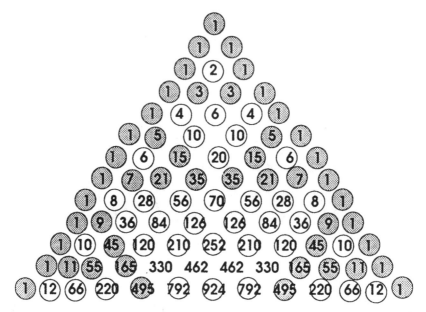

上面的图案实际上是一种2的倍数图案,进一步扩展时图案会更加有趣。你希望看到用其他倍数画圆圈时所得到的图案吗? 用3的倍数试试看!

船坞问题

有一个停泊位短缺的船坞,有6艘船如图停泊在那里,互相之间架起跳板以利走动。你能从船坞出发走过每根跳板而且只走一次,最后返回船坞吗?在回答中检验一下你的网络知识。

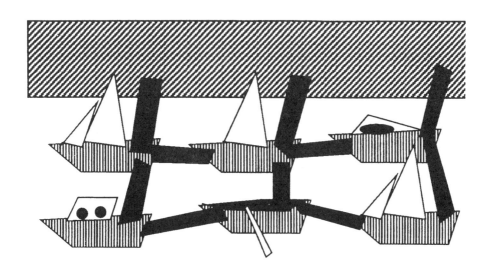

1736年,欧拉用网络的概念解决了柯尼斯堡七桥问题。一个网络是一张用以解决问题的图。对于柯尼斯堡七桥问题,欧拉所用的网络是这样的:他用弧线表示桥,用点表示与桥交会的陆地。他由此推出结论,一个能用一笔画画出来的

223

网络最多只能有两个奇顶点(一个进,一个出)。正如我们在图中看到的那样,柯尼斯堡七桥问题的网络有4个奇顶点,因而它是不可能用一笔画画出来的。船坞问题则可以看成柯尼斯堡七桥问题的现代版。

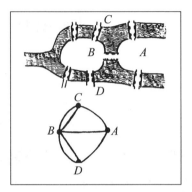

柯尼斯堡七桥问题与解决它所用的网络

(答案见附录)

俄罗斯农夫的乘法

虽然这种乘法的原始出处可以追溯到古埃及,但今天我们仍把它称为俄罗斯农夫的乘法。

158 乘以 39		
158	~~39~~	将第二列中没有划掉的数相加
79	**78**	
39	**156**	78
19	**312**	156
9	**624**	312
4	~~1248~~	624
2	~~2496~~	+ 4992
1	**4992**	6162
		此即答案

过程如下:

(1)把要相乘的两个数放在两列的开头;

225

（2）把第一列的数不断地除以2,如有余数则直接舍去,直至得到数1为止。把第二列数不断地翻倍,直至达到第一列的最后一行;

（3）现在划掉第二列中与第一列中的偶数位于同一行的数;

（4）将第二列中留下的数相加即得出所求的积。

水壶问题

有一个8升的装满苹果酒的壶，以及一个3升、一个5升的空壶。你要怎么操作才能将苹果酒分成两份各4升？

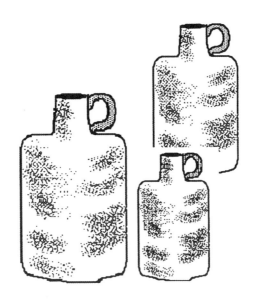

（答案见附录）

227

斐波那契戏法

5
7
12
19
31
50
81
131
212
———
343
555
898

有一些算术戏法,其秘诀与类斐波那契数列有关。斐波那契数列是:1,1,2,3,5,8,13,…数列中的每一项都是前两项的和。任何由上述方式形成的数列都称为类斐波那契数列。

挑选任两个数作为类斐波那契数列的头两个数。假定你选的是5和7,写出尽可能多的新数,这些数每个都等于前两个数的和。

在所列的任意两个数中间画一条线,则线上方所有数的和永远等于线下方的第二个数减去开头的第二个数。在本例中,这个和为 $555 - 7 = 548$。

你能说出为什么总是这样吗?

开普勒对圆面积的推导

开普勒发展了一种非常有趣的方法,通过它可以解析圆的面积公式是怎样得到的。

假定把圆分为 n 个扇形,它们都像是全等的等腰三角形。这些等腰三角形都来自同一个圆,因而它们的高都近似等于圆的半径。当将它们如图放在一起时,就构成了类似于平行四边形的样子。一个平行四边形的面积可由底乘以高求得。在这种情况下,底为圆周长的一半,即 $\frac{1}{2}$ 的直径乘以 π,或 $\frac{1}{2}d\pi = \frac{1}{2}\cdot 2r\cdot\pi = r\pi$。该平行四边形的高与等腰三角形的高一样,即 r。因而,圆的面积 = 平行四边形的面积 = $(r\pi)\cdot r = \pi r^2$。

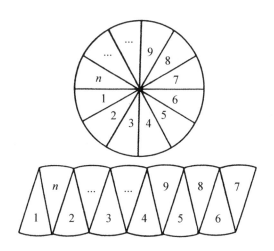

"搭配"游戏

刘易斯·卡罗尔是《爱丽丝漫游奇境记》的作者,而对于他的同事来说,他其实是数学家道奇森。除《爱丽丝漫游奇境记》和《爱丽丝镜中奇遇记》之外,卡罗尔还写了不少数学书。在卡罗尔的许多作品中可以发现数学的影子。他掌握了把数学概念转为娱乐形式的秘诀。

"搭配"是卡罗尔创造的一种游戏,这种游戏如今已变得非常流行。它是从两个同样长度的词开始的,例如CAT(猫)和DOG(狗),要求每次只改变一个字母,把一个词通过一系列同样长度的词变为另一个词。如:

CAT

BAT(蝙蝠)

BAG(包)

BOG(沼泽)

DOG

游戏的目标是使这种转变用词的次数最少。

英国杂志《浮华世界》开展了一场"搭配"游戏竞赛,首次竞赛的题目是:

PROVE GRASS TO bE GREEN　　　　　（证明"草"变"绿"了）
Evolve MAN fROM APE　　　　　　　（从"猿"进化成"人"）
RAiSE ONE TO TWO　　　　　　　　（从"一"提高到"二"）
CHAnGE BLUE TO PINK　　　　　　（变"蓝色"为"粉红色"）
MAkE WINTER TO SUMMER　　　　（使"冬天"成为"夏天"）
PUT ROUGE ON CHEEK.　　　　　　（把"胭脂"搽到"脸蛋"上）

你有兴趣试一试吗？玩得开心！

音阶——
给耳朵听的数学

π, e, ϕ，光速 c，还有阿伏伽德罗常量，这些都是宇宙中恒定不变的常量的例子。有的数在一些公式和方程中起着重要的作用，这些公式和方程阐释了我们所处世界中的种种对象，诸如在几何、物理、化学或商业等领域中。在这些著名的常量中，八度音程的概念可说是一种特殊的自然常量。八度音程在音乐世界担负着非常重要的角色，它建立了音阶的单位和距离。正如圆的周长与直径的比总是 π 那样，拨一根弦与拨一根长度只有其一半的弦（即长度比为 $2:1$），其振动发出同样的音调，并构成一个八度音程①。较短的弦比原来的弦每秒振动的次数多一倍。

音调的数目，或者说音阶的细分次数是随意的，但它会受某些因素的影响。考虑构成一个音阶的各种因素，那些声音或音调每一种都有固定的频率②。正如前面说过的那样，相隔八度音程的两个音调，其频率一个是另一个的两倍③。一只训练有素的耳朵能听出单个音程里近300种不同的声音或音调。不过，传统

---

① 术语八度音程（octave）来自拉丁词语8。一个全音阶有7个不同的音调，从C调一直到B调，而高一级的C调则是第八个音调。——原注

② 频率是每秒振动的次数。声音和它的频率存在着一一对应，尽管我们的耳朵还无法清晰地辨别全部可能的声音。——原注

③ 拨一根弦会产生一定的音调，例如C调每秒振动264次。当弦长减为原来的一半时，它就产生第八个音调，其振动频率为每秒528次。——原注

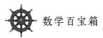

的乐器不可能产生许多音调,因此期望听到那么多音调是不现实的。例如,要使单音程中出现300种音调,那么钢琴就要有2400个琴键。你能想象一位钢琴家要怎样沿着这种键盘来回奔跑吗?因此,可能听到的音调数目不仅受到耳朵生理上的限制,而且还受到乐器表现能力的限制。那么怎样从这300种可辨认的声音中选出构成音阶的音调呢?选取一个音阶中的音调类同于选取一个计数系统。要选取什么进制?哪一种符号可以用来表示这样的数呢?

对于一个音阶,需要由所选取的单个音程的弦长及细分的数目(构成音阶的音调)来确定。我们发现,它就像计数系统那样,在不同文明里的演化是不一样的。在古希腊,人们用字母表中的字母来表示他们音阶里的七个音调。这些调子是四弦(四个音调)的组合,把这样的一组音调放在一起称为音阶,这种音阶是现代西方长音阶和短音阶的鼻祖。中国人用的是一种五声(五个音调)音阶。在印度,音乐是在拉格(印度教传统曲调)为基准的特定范围内即兴演奏的,其音阶分为66个音级(被称为"天启")。虽然实际上只有22个"天启",但由它们形成了

233

两个基本的七调音阶。波斯的音阶分为17音调或22音调。我们看到,虽然音阶是不变的,但它还是演化出许多不同的音乐体系。自然地,某个特定文化使用的乐器,很可能不能演奏另一特定文化的音乐。

乐器、花瓶、雕像等物品,以及描绘音乐家演奏声乐和器乐的壁画,在考古中被陆续发掘和发现。其中不乏早期的音乐作品。例如,在伊拉克发掘的苏美尔人的泥板上就显示了一个八调音阶(约公元前1800年);古希腊的纸草文简和石雕残片上有乐曲片断(约公元100年);一份希腊人手稿上有用字母书写的音调(约公元300年);一份西班牙出土的手稿上有阿拉伯穆斯林圣歌。

公元前6世纪,毕达哥拉斯(Pythagoras)和他的信徒们最先把音乐和数学结合起来。他们坚信,数以某种方式统治着万物。可以想象,当他们发现构成音阶的音调、频率以及弦长的比例之间的关系时有多么欣喜。他们还发现音乐的和声与整数之间的联系,认识到音调依赖于所弹奏的弦的长度。他们发现,整个音阶能够由弦长的整数比产生[①]。

音阶是产生音乐所必须的吗? 如果是这样,那么鸟儿的歌唱又怎么说呢? 在许多口头演出或讲述中,变化一个调子只需要口部轻微变换而已! 只有对于合作的演奏,音阶才是必不可少的。音阶是写作音乐的语言,就像方程和符号是写作数学的语言一样。

---

① 例如,开始时弦产生的是C调,那么其长度的$\frac{16}{15}$产生B调,其长度的$\frac{6}{5}$产生A调,其长度的$\frac{4}{3}$产生G调,其长度的$\frac{3}{2}$产生F调,其长度的$\frac{8}{5}$产生E调,其长度的$\frac{16}{9}$产生D调,而其长度的$\frac{2}{1}$给出低C调。此外,他们还相信行星各有自己的音乐,天体能产生音乐的声音。上述见解以"天体音乐"著称。就连开普勒也相信这种天体音乐,他甚至为每颗已知的行星写了谱。今天,天文学家已从太阳风里接收到无线电信号。这些声音包括速度增大时综合在一起的呼啸声、爆裂声、啜泣声、嘶嘶声,还算悦耳。科学家们还观测到来自太阳的振荡,这使得他们能够推测太阳在各种时期的振动。——原注

动态矩形

动态矩形是这样的矩形,它能够如同下图由单位正方形产生。它包含黄金矩形与平方根矩形两族。这些矩形尤其令人兴奋的地方在于,它们中的每一种都能形成动态的螺线(对数螺线),后者在自然界(尤其在图案生成时)和艺术设计(要求使用特殊的比例)中有着广泛的应用。

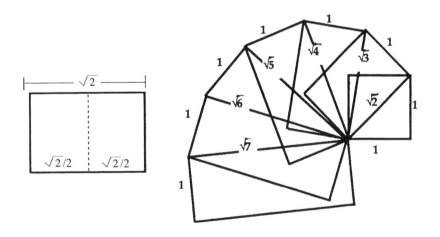

每种动态矩形还能产生一种螺线。在 $\sqrt{2}$ 矩形中所形成的螺线如下页图所示。

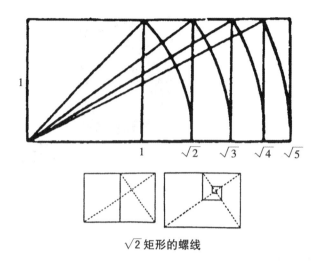

√2 矩形的螺线

在边长比为 $1:\dfrac{1}{\phi}$ 的矩形的螺线中($\dfrac{1}{\phi}$ 为黄金分割比的倒数 $\approx \dfrac{1}{1.618\cdots} \approx$

$0.618\ 034$),螺线的长度等于黄金分割比 ϕ。

√2 动态矩形特别有意思,因为它是唯一一个一半相似于整体的矩形。

由动态矩形生成的图案

创作不规则的
数学镶嵌

近些年来,数学家们发现和设计了许多用多边形镶嵌平面的方法。下面是他们的一些发现。

● 多于6条边的凸多边形不可能镶嵌一个平面。

● 对于3条边的凸多边形:

任何三角形都可以用于镶嵌一个平面。

● 对于4条边的凸多边形:

任何形状的凸四边形都能够通过旋转、镜射和平移来镶嵌一个平面。

● 对于5条边和6条边的凸多边形:

只有特定的凸五边形或凸六边形可用于镶嵌一个平面。对一般的凸五边形或凸六边形则要具体分析。右图是一些例子。

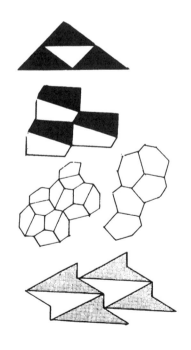

● 对于非凸多边形：

对非凸多边形的考虑甚至更加有趣。大量的研究都集中在全等的非凸多边形的镶嵌上，诸如用五阶米诺或多阶米诺①，或者多阶三角形②，或者多阶六边形③来镶嵌。但对于它们，许多问题尚待解决。不过有一件事情是肯定的，那就是美丽的数学镶嵌将会被不断地创造出来！

---

① 多阶米诺是由许多全等的正方形构成的图案。例如一个五阶米诺是由五个全等的正方形用不同的形式联结在一起而组成的。——原注

一个五阶米诺镶嵌

② 多阶三角形是由全等的等边三角形构成的图案。——原注

多阶三角形例子

③ 多阶六边形是由全等的正六边形构成的图案。——原注

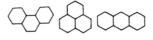

多阶六边形例子

环绕地球

设想有一根绳子正好环绕在地球的赤道上。如果将绳子加长1码①,它能够很容易被看出来吗? 如果绳子上每一点离地面的高度都一样,那么这根新的绳子离开地面有多大的距离呢?

假设赤道的周长为25 000英里②。

(解答见附录)

---

① 1码 = 3英尺,约为0.9144米。——译注

② 1英里 = 5280英尺,1英尺 = 12英寸。——译注

非洲棋

非洲棋(mancala)是3500年前起源于古埃及的一类游戏的名称。在对胡夫金字塔和埃及其他神庙的考古发掘中,人们发现了刻在石板上的游戏棋盘。在后来的一千多年,穆斯林对非洲棋的传播起了主要作用,他们把它带到各个他们所征服的地区。非洲棋的名字是从阿拉伯词"naqala"得到的,该词表示"移动"的意思。后来非洲的奴隶们将这个游戏带到苏里南①及西印度,在那里欧洲人学到了非洲棋。今天,这种游戏仍然在中东、东南亚和非洲的许多国家流行。它大

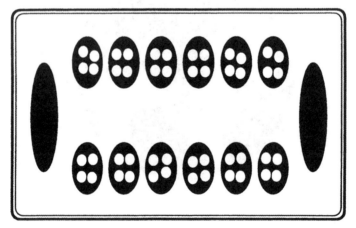

非洲棋开始时的摆放方式

---

① 位于南美北部荷属圭亚那。——译注

概是历史上玩的时间持续最长的一种游戏。

经过长时间的演变,这种游戏的玩法已多达200种以上,其中最吸引人的地方是,它可以在任何地方玩,有没有正式的木制或陶制棋盘和棋子都无所谓。棋盘可以很容易地画在沙滩、地面或纸张上,石头、珠子、豆子、贝壳或玉米粒都可以用来作为棋子。

非洲棋是两人玩的游戏,这里要介绍的是流行于东非的一个版本。

棋盘

棋盘上的游戏区域由12个挖好的凹坑组成,两头另有两个较大的凹坑,用于放置俘获的棋子。

在12个凹坑的每一个之中各放4枚棋子。

走棋

参与游戏的两人各选一方,轮流走棋。一方选手选取自己一方的某个凹坑,拿空里面的棋子,并沿顺时针方向在后面的每一个凹坑中各放一枚棋子,直至拿出的棋子放完,在放的过程中不允许跳过或多放。如果一个凹坑里有14枚棋子(无论是哪方的),则该选手必须把它们拿出来分到其他的凹坑,按顺时针方向每个凹坑放一枚,但不包括起先拿空的那个凹坑(不放棋子)。

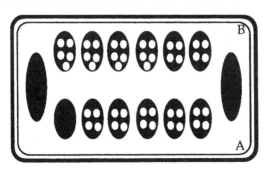

棋盘上显示了选手 A 的第一次走棋

游戏的目标

游戏的目标是俘获对方的棋子。

当你手上最后一枚棋子进入对方的凹坑,而该凹坑内只有1枚或2枚棋子时,这些棋子就算被你俘获了,你可将这些俘获的棋子放入自己一方的存储凹坑。在俘获对方凹坑中的棋子后,你还可以拿掉它前一个凹坑中的棋子,只要这个凹坑是对方的而且里面只有2或3枚棋子。你还可以继续俘获对方凹坑里的棋子,只要这些凹坑是连在一起的,而且每个凹坑里都只有2或3枚棋子。

特殊规则

一名选手不允许拿走对方全部凹坑中的棋子,尽管在游戏过程中他有可能做到。总之,必须留给对方一个走棋的机会。

如果对方的凹坑已经全部空了,那么在你走棋的时候必须至少将1枚棋子留在对方的凹坑里。

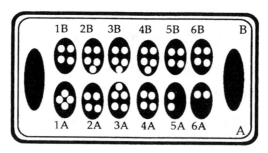

对于棋盘上的这个局面,选手B可移动他3B凹坑中的棋子,并俘获对方5A凹坑中的棋子,以及前一个6A凹坑中的棋子

游戏的结束

● 当一方全部的凹坑都空了,而又轮到他或她走棋时,游戏便告结束。

● 选手所拥有的棋子,包括棋盘上自己凹坑中的棋子和放在自己一方存储凹坑里的棋子。

● 游戏结束时拥有棋子多者胜。

正如几个世纪以来人们所做的那样,通过增加更多的棋子或修改规则等,非洲棋还可以变化出更多玩法。

埃及分数与
荷鲁斯之眼

古埃及人发明了一种书写分数的方法,这些分数的分子均为1。他们书写分数的符号"◉"像一张嘴巴。当该符号与某个数连用时即意味着"部分"。这个符号写在数的上方,就像我们今天写分数 $\frac{1}{3}$ 时用一条线段横在中间一样。古埃及人的分数是这样书写的:

$\frac{1}{3}$ $\frac{1}{5}$ $\frac{1}{10}$ $\frac{1}{100}$

对于分子不是1的分数,例如 $\frac{3}{5}$,他们会改写为 $\frac{1}{2} + \frac{1}{10}$ 。对于一些常用的分数,他们还采用了专门的记号。

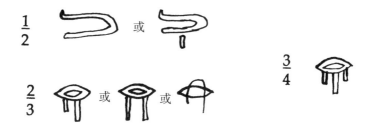

当需要用分数来表达液体的体积、谷物或农业生产量等数量时,荷鲁斯之眼的各个部分就被设定为特殊的分数值。其起源与努特(Nut)、伊西斯(Isis)、奈芙蒂斯(Nephthys)、托特(Thoth)、赛特(Set)、奥西里斯(Osiris)和荷鲁斯(Horus)等古埃及神祇的传说有关①。下图列出了一些分数值:

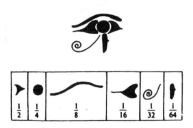

$\frac{1}{2},\frac{1}{4},\frac{1}{8},\frac{1}{16},\frac{1}{32},\frac{1}{64}$,古埃及人将它们与荷鲁斯之眼的各个部分联系了起来

---

① 在古埃及神话中,努特是天空女神,伊西斯是生命女神,奈芙蒂斯是房屋和死者的守护神,托特是智慧之神,赛特是力量、战争之神,奥西里斯是冥界之神,荷鲁斯是法老的守护神。——译注

帕斯卡的令人惊异的定理

著名的法国数学家帕斯卡①发现并证明了以下定理:

内接于任意圆锥曲线的六边形,当它的各边延长成直线 AB, BC, CD, DE, EF, AF 时,其三组对边的交点 P, Q 和 R 总是共线。

用这个定理,帕斯卡推演出许多有关圆锥曲线的知识。有将近 400 个该定理的推论因而获证。

此外,应用由德萨格(Gérand Des-argues)发展的投影的概念,帕斯卡还阐述了除圆以外的其他圆锥曲线的定理。

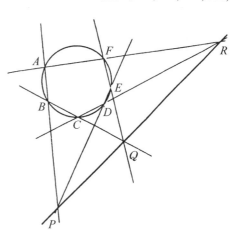

① 帕斯卡在理论数学和科学发现的许多方面都享有盛誉。他的工作包括帕斯卡三角形、六边形、液体理论、水压机以及概率论等方面的广泛发现。此外,18 岁时他还发明了一种加法计算器。但在 1654 年后,他改信基督,从而基本上结束了他的数学工作。下面的摘录引自他的随笔《思想录》。他用许多数学的引证和例子回答了对他的种种议论,并指出他这样做是因为:

"……我们尽管把我们的概念膨胀到超乎一切可能想象的空间之外,但比起事情的真相来也只不过成为一些原子而已。它就是一个球,处处都是球心,没有哪里是球面。终于,我们的想象力会泯没在这种思想里,这便是上帝的全能之最显著的特征……万事万物都出自虚无而归于无穷。谁能追踪这些可惊可讶的过程呢?这一切奇迹的创造主是理解它们的。任何别人都做不到这一点……我知道有人并不能理解零减四还余下什么。欢乐过多使人不愉快,和声过度使音乐难听,恩情太大则令人不安,我们希望能有点东西来偿还我们得到的。"——原注

智力练习题

剖分问题

把一个矩形剖分后组成正方形,这类问题可以追溯到18世纪的法国数学家蒙蒂克拉(Jeanne Étienne Montucla)。后来这类问题由美国谜题专家劳埃德和英国谜题专家杜德尼加以推广。

林伦(Henry Lingren)是当今这类问题的专家之一,他写了一部相关内容的巨著《几何剖分》。

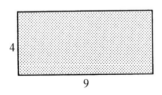

分矩形为两块,使这两块能
组成一个正方形

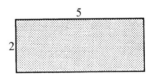

分矩形为三块,使这三块能
组成一个正方形

火柴问题

拿掉图中的5根火柴,使得剩下的是3个与原来一样大小的正方形。

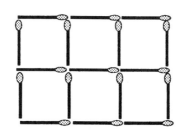

立方体问题

如图所示为一个立方体,试确定∠ABC 的度数。

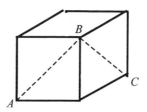

(答案见附录)

数学与折纸

在加利福尼亚旧金山机场联合航空候机处的一座类似于折纸的雕塑

一个正方形变形为一个盒子

一个正方形变形为一只鸟

一个正方形变形为一条蛇

一个正方形变形为一头象

……

除非你有先见之明,否则你准会以为我们将要讨论的是有关拓扑学①或魔术表演之类的话题。

折纸是一种艺术形式,其历史可追溯到公元583年。当信奉佛教的和尚从中国经过朝鲜东渡日本时,带去了许多纸。当时纸张很昂贵,所以人们使用时格外珍惜,而折纸就成了一些礼仪的一部分。折纸艺术就是从那时起一代代传了下来。

动物、花、船和人物都是折纸的创作题材。几个世纪以来,人们对折纸的热

---

① 拓扑学是一种特殊类型的几何学,它研究物体在伸张或收缩的变形中保持不变的性质。不同于欧几里得几何,拓扑学不研究对象的大小、形状以及刚性程度。这就是为什么拓扑学被说成是橡皮膜上的几何学。想象物体存在于一张能够伸张和收缩的橡皮膜上,在这样变形的过程中,人们研究那些保持不变的性质。——原注

情有增无减。事实上,今天在英国、比利时、法国、意大利、日本、荷兰、新西兰、秘鲁、西班牙和美国等国家都有国际折纸协会的区域机构[①]。

在创作折纸图形时,折纸能手通常由一张正方形的纸开始,然后运用他们的想象、技巧和决心,将它变形为任意想要的形状。

之所以将正方形选为折纸的初始图形,是因为与矩形和其他四边形相比,它有4条对称轴;虽然圆和有些正多边形有更多的对称轴,但它们又缺少正方形所拥有的直角,给创作造成了较大的困难。有时人们也用其他形状的纸张来玩折纸,但最纯粹的折纸作品是从正方形开始,而且是不用胶水和剪刀的。

折纸的对象被创造出来后,留在正方形纸张上的折痕,揭示出大量的几何对象和性质。

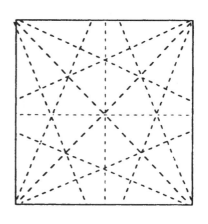

右图所示的折痕是折完一只飞鸟后在正方形纸张上留下的。

正方形纸张上的折痕可以体现出以下数学概念:相似、轴对称、中心对称、全等、相似比、比例,以及类似于几何分形结构的迭代(在图案内不断地重复图案)。

研究折纸的创作过程是极具启发性的。人们用一张正方形的纸(二维对象)来折出一个物体(三维对象)。如果折出了新的东西,那么折纸者就会把这个物体摊开,并研究留在正方形纸上的折痕。这个过程包含了维数的变动。折痕代表了物体在扁平面(即正方形)上的二维投影。而一个二维物体变化为三维物体,又回到二维,这就是射影几何研究的范围。

《折纸天地》一书的作者恩格尔(Peter Engel)是一位研究折纸的科学家和艺术大师。他在多年的折纸生涯中有着许多珍贵的发现和创造,把折纸推向了一

---

① 美国折纸中心联谊会位于纽约西第77街15号,NY10024。

英国折纸协会位于柴郡斯托克波特市桑恩路12号,SK71HQ。——原注

个更高的境界。他强调了在折纸、数学和自然之间强有力的联系,而描述这种联系的理论则包含极小值问题、分形和混沌理论等。折纸的创作始于有限数量的材料(如一张固定大小的正方形纸),并演进为希望得到的样式,而在这里并无任何限制,不像肥皂泡那样会受现实空间的制约。

折纸经历了一场复兴。从早期的折纸发展到今天,经历了漫长的道路。如今,专家们用纸折出的复杂样式确实令人叹为观止。他们不用胶水、不用剪刀,巧妙地让纸张变形,而且熟练程度简直令人难以置信!最终完成的作品远非简单的盒子或花朵,而是造型逼真的动物,或者栩栩如生的纸的雕塑,如乌贼、蜘蛛、蛇、舞女、家具等等。这些创造性的成就,无疑来自长年的工作、丰富的经验和深入的研究,就像艺术家埃舍尔献身于镶嵌艺术的发展那样。

数学寓于折纸之中,不管折纸人的身份如何,对数学的了解总会在折纸中提升人们的能力和创造力。

劳埃德的
丢失的数字谜题

以下是一个考古发现,这里只留下8个明确的数字,但它对于丢失的数字已经提供了足够的信息。

试问,这些丢失的数字是什么?

(答案见附录)

悖　　论

"……古往今来，为数众多的悖论为逻辑思想的发展提供了食粮。"

——布尔巴基

"不要读这一页上的任何东西。"悖论就像这句话一样，其陈述或表现出自我矛盾，或制造出无意义和令人吃惊的结论，或形成无休止的循环论证。几百年来，悖论不仅使人迷惑，造成了逻辑思维上的混乱，同时也引起了人们的兴趣和不安。悖论广泛出现在各个学科领域，包括文学、物理学、数学，乃至我们日常所面对的东西，就像本页照片上的那个。

一位被大量车库出售告示激怒的房主在电线杆上钉了一块有悖论意味的牌子，上面写的是："谁弄上去的，谁就要把它拿下来！"

不管什么类型的悖论，产生的问题和那令人困惑的推理都充满了趣味，令人回味。特别地，数学中的悖论已成为新发现的乐土。下面我们对一些著名的悖论作一番简要的探索，它们不仅可以供人娱乐，而且还是很好的智力练习。

公元前5世纪,芝诺(Zeno)用他关于无限、连续及部分和等知识,创造了一些著名的悖论,下面是其中两个:

● 二分法悖论

一位旅行者步行前往一个特定的地点。他必须先走完一半的距离,然后走剩下距离的一半,再走剩下距离的一半,永远有剩下距离的一半要走。因而这位旅行者永远走不到目的地!

● 阿基里斯与乌龟悖论

阿基里斯与乌龟展开一场比赛。乌龟在阿基里斯前头1000米处开始爬,但阿基里斯跑得比乌龟快10倍。比赛开始,当阿基里斯跑了1000米时,乌龟在他前头100米。当阿基里斯又跑了100米到达乌龟刚才到达的地方时,乌龟又向前爬了10米。芝诺认为,阿基里斯将会不断地逼近乌龟,但他永远无法赶上它。芝诺的说法正确吗?

下面是另一些著名的悖论:

● 欧布里德(Eublides)悖论

欧布里德是古希腊哲学家。他认为:人们绝不可能拥有一堆沙。推理如下:一粒沙自然构不成一堆沙,如果在一粒沙上加上一粒沙,它们也构不成一堆沙。如果在不是一堆的沙上加上一粒沙,仍然构不成一堆。因而,人们绝不会有一堆沙! 此外,欧布里德还有另一个令人称道的悖论:"我所说的话都是假的。"

● 埃庇米尼得斯(Epimenides)悖论

埃庇米尼得斯是克里特岛人,他的悖论是一句简单的陈述:"所有克里特岛人都是说谎者。"

● 亚里士多德轮子悖论

在轮子上有两个同心圆。如图所示,轮子沿直线从A滚动一圈到达B,注意到|AB|对应于大圆的周长。此时小圆也滚动了一圈,而走过的距离也是|AB|,难道它的周长也是|AB|吗?

A B

● 硬币悖论

顶上的硬币绕下面的硬币滚动半圈,结果其方向竟然跟原先出发时的方向一样(头朝上)。由于它所走过的路程只是周长的一半,人们有理由认为它应该上下颠倒。你能解释这是怎么一回事吗?

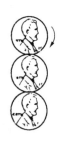

● 代数悖论

代数悖论为数众多,下面是其中一些较著名和值得深思的悖论。

(1) 若 $a = b$,则 $1 = 2$。

证明:

$$a = b \rightarrow a^2 = ab \rightarrow a^2 - b^2 = ab - b^2 \rightarrow$$
$$\frac{a^2 - b^2}{a - b} = \frac{ab - b^2}{a - b} \rightarrow \frac{(a + b)(a - b)}{(a - b)} = \frac{b(a - b)}{(a - b)} \rightarrow$$
$$a + b = b \rightarrow a + a = a \rightarrow 2a = a,$$

∴ $2 = 1$ 或 $1 = 2$。

(2) $1 = -1$。

证明:

$$-1 = \left(\sqrt{-1}\right)^2 = \sqrt{-1} \cdot \sqrt{-1} = \sqrt{(-1) \cdot (-1)}$$
$$= \sqrt{1} = 1。$$

● 理发师悖论

该悖论可追溯到1918年。在一个奇怪的村庄里有一位理发师,他只为所有不给自己理发的人理发。试问,理发师自己的头发要由谁来理?

● 凯利(Walt Kelly)悖论

"我们遇到了敌人,而他就是我们。"

● 王尔德(Oscar Wilde)悖论

"摆脱诱惑的唯一办法是屈服于诱惑。"

●《堂·吉诃德》中的悖论

潘扎(Sancho Panza)是巴拉塔利亚岛上的统治者,凡进入该岛的人都必须向

他陈述他们为什么要进岛。如果他们讲的是真话,将可以获得自由;如果他们讲的是谎话,就要被绞死。一天一个旅行者抵达那里并向潘扎陈述道:"我将在这里被绞死。"

试问,潘扎该怎么办呢?

● 无名氏悖论

"请不要理睬这个声明!"

● 跟无穷有关的悖论

(1) $x + x^2 + x^3 + \cdots + x^{n+1} + \cdots = \dfrac{x}{1-x}$;

$$1 + \frac{1}{x} + \frac{1}{x^2} + \cdots + \frac{1}{x^n} + \cdots = \frac{x}{x-1};$$

$$(x + x^2 + x^3 + \cdots + x^{n+1} + \cdots) + (1 + \frac{1}{x} + \frac{1}{x^2} + \cdots + \frac{1}{x^n} + \cdots)$$

$$= \frac{x}{1-x} + \frac{x}{x-1} = 0 。$$

上述关系式对于所有的 $x(x \neq 1)$ 都成立。但如果 x 是正数,式子的左边必然大于0,它又怎么能等于右边呢?

(2) $\{1,2,3,4,\cdots,n,\cdots\}$ 是正整数集;

$\{1,4,9,16,\cdots,n^2,\cdots\}$ 是正整数平方的集合。

这两个集合能够很容易构成一一对应。那么,这两个集合中有一样多的元素吗?

● 康托尔(Georg Ferdinand Cantor)悖论

格奥尔格·康托尔是集合论之父,他指出:一个集合的所有子集组成的集合,比原集合有更多的元素。这一结论对于所有的集合都正确吗?

● 罗素(Bertrand Russell)悖论

罗素悖论是对一个集合的元素进行资格认证的悖论。

一个集合要么是它自身的一个元素,要么不是它自身的元素。一个集合不包含自身作为元素,我们称之为正则的。例如,人的集合就不包含自身作为元素,因为这个集合不是一个人。反之,如果一个集合包含自身作为元素,我们就称之为非正则的。例如,由多于5个元素的集合所组成的集合就是非正则的。现在的问题是:所有正则集合所组成的集合是正则的还是非正则的?

如果它是正则的,自然不能包含自身作为元素。但这是所有正则集合的集合,它必须包含全部的正则集合,也就是必须包含这个集合在内,这表明它是非正则的,矛盾。

如果它是非正则的,那么它包含自身作为元素,但根据假定,该集合只包含正则集合,又矛盾。

罗素悖论给德国数学家弗雷格(Gottlob Frege)带来了毁灭性打击。此时他刚刚结束《论算术的逻辑发展》第二卷的写作。在该卷附录的开头他这样写道:"最使一位科学家伤心的是,在他工作即将完成之际却发现其基础崩溃了。罗素的一封信把我推向了这样一种境地。"

悖论还在不断地被有意或无意创造出来,上面举的只是大量现有悖论中的少数几个①。

在我们每天的活动中,或在创造和界定数学体系及概念的过程中,悖论既是一个难以应付的对手,又是一种学习的工具。数学的发展体现在方法的多样化上。数学家对一个问题的探索可能导致一种新方法的发现,或一个新数学体系的形成(如非欧几何的发现)。数学家还能够用数学去描述和解析现实世界的某些东西或现象,并设计出一些新的想法(如分形及混沌理论)。在这样的过程中,悖论有意或无意地出现了!概括却无法证明,除以0,假定某些东西存在而无法证实,不依附于定义等等,正是这些创造出了令人惊异的悖论。

---

① 此外还有一些著名的悖论,列出它们的名字供参考:库里三角形悖论、德摩根悖论、欧拉悖论、格雷林(Grelling)悖论、无限回归悖论、莱布尼茨悖论、地图悖论、彼得堡悖论、普罗塔哥拉(Protagoras)悖论、纽科姆(Newcomb)悖论,以及非转移悖论等。——原注

"尼姆比"游戏

"尼姆比"游戏是丹麦科学家海恩(Piet Hein)在古代"尼姆"游戏①的基础上改造发展而来的。"尼姆比"游戏几乎可以在任何地方玩,所需要的就是一些小石子而已。

游戏步骤

● 摆放尽可能多的石子排成你所希望的正方形或矩形阵列。下图是用36颗石子组成的4×9阵列。

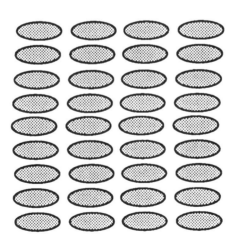

---

① "尼姆"游戏也称中国二人游戏(Chinese Game of Nim)。该游戏源于中国,后来传入欧洲。有兴趣的读者可参阅张远南著《否定中的肯定》,上海科学普及出版社,1989年。——译注

● 每个选手可以从任意的行或列拿走他所希望拿走的邻接在一起的石子。例如,第一个选手可以从第4行拿走3颗石子,留下:

第二个选手不能从第1,2或3列拿走全部的石子,因为这些列上的石子都不连续。但第二个选手可以拿走第4列的全部石子,因为这一列石子没有差缺。第二个选手也可以从其他的行或列拿走他希望拿走的邻接在一起的石子。

● 选手轮流拿石子,不能不拿。

游戏的目标

谁拿到最后一颗石子就算谁输!

万花筒与对称

苏格兰物理学家布鲁斯特(David Brewster)在19世纪初发明了万花筒。此后,万花筒广为流行,深得人们喜爱。在万花筒的像中人们可以看到许多对称轴。

一条对称轴准确地把物体分为两半,当沿着这条线折叠时,这两半精确地重合。今天,高级的计算机程序允许使用者用计算机产生精确的镜像,描绘出如下图那样类似万花筒中的图像。

7, 11, 13 的奇异特性

取任意一个三位整数 $\overline{abc}$，重复它写出一个新数 $\overline{abcabc}$。用这种方法形成的任何数都能被 7, 11, 13, 77, 91, 143 和 1001 整除！这是怎么回事呢？

$$762$$

$$762\,762$$

$762\,762 \div 7 = 108\,966$

$762\,762 \div 11 = 69\,342$

$762\,762 \div 13 = 58\,674$

$762\,762 \div 77 = 9906$

$762\,762 \div 91 = 8382$

$762\,762 \div 143 = 5334$

$762\,762 \div 1001 = 762$

（说明见附录）

克莱因瓶的纸模型

克莱因(Christian Felix Klein)是一位德国数学家,他设计了拓扑学中著名的克莱因瓶。这种瓶子只有一个面,而且它穿过自身。如果水灌进这种瓶子,会从同一个洞流出来。

克莱因瓶

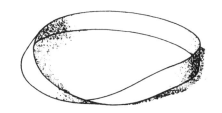

默比乌斯带

克莱因瓶与默比乌斯带之间有着有趣的联系。如果将克莱因瓶沿着纵向切成两半,将会形成两条默比乌斯带。

右图是一个类似于克莱因瓶的模型,它只有一个面(单面)。尝试将这个模型剪成两半,并观察它能否生成两条默比乌斯带。

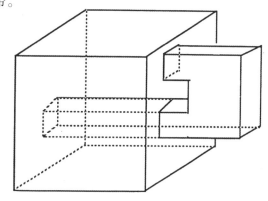

数学问题与发现

纵观数学发展的历程,问题在数学思想的发展和发现中起着催化剂的作用。事实上,从数学的历史可以看出研究问题的轨迹。千百年来,数学家们力图去解决一些问题。然而到了问题真正获得解决的时候,人们却反而感到有些沮丧,因为它已不再成为众人为之奋斗的、令人兴奋和富有挑战的数学思想。

一些最令人振奋的数学发现,总是在数学家们努力解决"未解决"的数学问题,或试图对一些数学思想加以证明或否证时创造产生的。古代三大作图问题可算是最古老的挑战性数学问题,它们导致了许多新的发现,诸如:

● 为解三等分角问题发现的尼科梅德斯(Nicomedes)蚌线

● 狄奥克莱斯(Diocles)为找到 $\frac{1}{2}$ 的立方根使用的蔓叶线

● 柏拉图的倍立方器

● 欧多克斯(Eudoxus)的杖头线

● 埃拉托色尼的滑动方格

● 阿波罗尼乌斯(Apollonius)解倍立方问题时在一对给定线段之间插入两个几何平均值的方法

● 梅纳科斯(Menaechus)解倍立方问题的抛物线法

● 塞斯汀(Sestine)用一条双曲线和一条抛物线解倍立方问题的方法

- 用于解化圆为方问题的希波克拉底(Hippocrates)弓形
- 用于解化圆为方问题的希皮亚斯割圆曲线
- 阿基米德对于三等分角的设计
- 用于解三等分角问题的帕斯卡蚶线
- 用于解三等分角问题的磬折形
- 用于解三等分角问题的阿基米德螺线
- 用于解三等分角问题的螺旋线
- 用一个圆和一条双曲线解三等分角问题的帕普斯(Pappus)方法

上述清单还可以继续列下去。

两千多年来,数学家们为证明欧几里得的第五公设付出了不懈的努力,终于在19世纪发现并创造了非欧几何。欧拉1736年对柯尼斯堡七桥问题的解答引发了对拓扑学的研究。英国数学家格思里(Francis Guthrie)1852年正式提出的

赖施(Gregor Reisch)1503年的木刻《现代手算者[影射波伊提乌(Boethius)]与用算盘者(画的是毕达哥拉斯)的比赛》,图中的背景是掌管算术的女神

四色地图问题在一个多世纪里曾经多次被"证明",但事实表明这些"证明"都存在一些毛病。有趣的是,这个问题并没有因而沉寂,而是随着拓扑学的发展而发展。教师们在课堂上用它引起学生的兴趣,而数学家则花费大量时间试图解决它。最终,四色地图问题在1976年由伊利诺伊大学的阿佩尔(K. Appel)和哈肯(W. Haken)借助一台计算机解决了。

近些年来,对一些艰难的数学问题和猜想,人们找到了令人振奋的证明。

莫德尔猜想

1922年,莫德尔(Louis Mordell)提出:对一定类型的多项式方程,只有有限数目的有理解(这些曲线与有两个或更多洞的拓扑曲面相关联)。这个猜想于1983年被德国青年数学家法尔廷斯证明。

庞加莱猜想

庞加莱(Jules Henri Poincaré)1903年提出的这个猜想令数学家们困惑了近100年。1983年,南加利福尼亚大学的弗里德曼(M. Freedman)及牛津大学的唐纳森(S. Donaldson)证明了四维空间中的庞加莱猜想[①]。

近代最为著名的数学悬案是费马大定理[②]。费马是一个职业律师,他把自己的休闲时间都花在研究数学上。费马是当时备受敬重的法国最伟大的数学家之一,在许多领域尤其是数论方面多有贡献。虽然他所写的数学文章很少发表,但他常与那时居主导地位的数学家通信,而且毫无疑问地对他们的工作产生了影响。他留下了三千张稿纸、信札以及他对译本《丢番图算术》的注释。在那本书上面人们发现了一段注解,那是费马写在页眉上的一段话。从那时起的350年间,这个问题激发了众多重要数学思想的发现。

---

① 2003年,俄罗斯数学家佩雷尔曼(Grigory Perelman)最终解决了这个猜想。——译注
② 该问题已被英国数学家怀尔斯解决。请参见本书"费马大定理"一节。——译注

数学与晶体

虽然晶体似乎成了新时代众人注目的中心,但是晶体在治疗和增进人体活力方面的应用却可以追溯到数千年前。今天我们发现晶体存在于许多物体之中,这些物体与我们的日常生活息息相关,包括杯子、玻璃、汤匙、收音机、钟,甚至我们的头发。

晶体"能量"的秘密在于它的结构和生长方式。应用现代技术可以发现并开发出晶体多方面的应用。晶体中的元素有着整齐的排列。它们的结构在工艺上是如此地严谨,以至于数学可以成为分析、识别、分类它们的最完美的工具。

多面体、对称、镶嵌、二面角、几何、投影、正弦函数等等,只是用于分析晶体的少数几个数学概念。只要看一看晶体的结构和用途,这些概念也就变得很明确了!

每一种晶体内部的原子构成都可以显示出来,这些原子出现在六类可能的单位晶格或构形单位上,这些构形单位是多面体(各面是多边形的立体)。晶体呈现的多面体有以下几种。

（1）等轴晶系或立方晶系

每个构形单位是全等的立方体。该多面体的面是全等的正方形，任何三条交会在一起的棱彼此相交成直角，例如：黄铁矿[①]、明矾、石榴石、方铅矿等的晶体。

（2）正方晶系

多面体构形单位的各面是矩形，任何三条交会在一起的棱彼此相交成直角，且三条棱中有两条长度相等，例如：锡石、金红石等的晶体。

（3）正交晶系

三条交会在一起的棱彼此相交成直角，且没有两条棱长度相等，例如：黄玉、天青石、辉铜矿等的晶体。

（4）单斜晶系

三条交会在一起的棱中有两条相交成直角，且没有两条棱长度相等，例如：硼砂、蓝铜矿、白云母等的晶体。

（5）三斜晶系

交会在一起的棱中没有相交成直角的，也没有长度相等的，这样的晶体比较少见。

（6）六角晶系

交会在一起的棱中有两条棱长度相等，且彼此相交成60°或120°角；第三条棱与其他两条棱相交成直角，且不与它们等长，例如：方解石、电石、绿柱玉等的晶体。

以上6种晶系包含了所有晶体的构形单位。让我们看看一个等轴晶系的结晶构造，了解一下不同的晶体是怎样由同一的构形单位形成的。结晶的过程能够像三维形式的镶嵌那样加以考虑。等轴晶系的结晶是从一个特殊的立方体开

---

① 即天然的二硫化铁。——译注

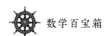

始的,然后产生数以千计的复制体,它们堆置在一起最终形成右图所示的形式。

立方体晶体

削角的
立方体晶体

但并非所有的等轴晶体最后都形成这种形状。如果我们从各个角拿走一定数量的构形单位,或者说削去立方体的角,那么我们得到的是左图所示的另一种形状的晶体。

八面体晶体

如果我们继续拿掉构形单位,最终会得到一个八面体形状的晶体。

这些都是等轴晶系晶体的例子,其基本的构形单位是立方体。六个晶系中的每一个都能构造出成千上万种不同类型的晶体,这些晶体的形状依赖于拿掉或增添构形单位,以及单位晶格中是什么类型的原子(例如,一粒盐中平均含有5.6×10^{18}个单位晶格)。

除了用六种多面体构形单位对晶体进行分类外,分析它们的对称性具有同等的重要性。晶体有单一对称、不对称或联合对称(中心对称、轴对称、平面对称)等类型。

平面对称的晶体

有不同的方法可以确定晶体的对称性。用精密的仪器可以测定两个面之间的夹角(二面角),并借此判定一个晶体的对称性及确定它属于6种晶系中的哪一种。每个晶体都有特定数目的对称物和对称形式。例如,等轴晶系有9个对称面、一个对称中心和13条对称轴。而对于三斜晶系,则没有一条对称轴。另一种判定晶体的手段是研究X射线通过它时所形成的几何图案,或者研究环绕一个特殊晶体的球面上的线投影(投影线垂直于晶体的面)。

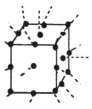

一个立方体的
13条对称轴

19世纪末,人们发现当在石英晶体上加压时会产生电荷。相反,当电流通过石英晶体时,石英晶体会通过一致的

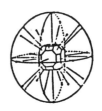

一种球面的投影

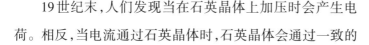

267

振动来调控电流。换句话说,石英晶体会在两个方面工作,一是加压时产生电流,二是能调控电流。这两方面的性质统称为压电效应。

有关石英晶体的结构及其性质的知识是拓展其应用的基础。石英晶体要么通过采矿并切割成精确的规格,要么像今天我们做的那样由人工生成。精密度是绝对重要的,不然的话一个有着不准确频率的晶体,会造成破坏性的结果。例如:导致无线广播电台的信号出现在不正确的频率上,或者频率有误的石英晶体会严重干扰计算机对信息的操控。

我们对有关晶体及其用途的知识依然处于发现和发展阶段。下面列出了一部分石英晶体在现在和将来的可能应用。

- 钟表、计算机、录像机、洗衣机、微波炉、洗碗机、新型汽车发动机
- 转换声波为电信号的声呐
- 监测无线电频率
- 临近地震时的警戒设计,当建筑物或桥梁结构出现失衡时把振动转换为电信号
- 将海洋波浪的动能转换为可用的能量
- 识别人的声音和笔迹

目前探索的焦点都在石英晶体上,对晶体其他性质的研究和发现还在进行中。数学将成为探索及进一步了解这些令人兴奋的矿物的极有价值的工具。

中国的算筹

许多人对记录数字的许多方法都很熟悉,如印加人的结绳文字,古埃及人的符号 **l** 和 **∩**,古巴比伦人的符号 **Y** 和 **く**,还有希腊人的字母等等。然而,智慧的中国人使用的算筹却很少人知道。

中国人最早的数字是这样的:

这些数字出现在诸如占卜用的兽骨或乌龟壳上[①],时间大约是公元前14世纪的商朝。从这些符号开始,中国人演化出了两种书写数字的方法,两种都是十进制的位值系统。

其中一种方法是用文字来表示数,例如:

自然,这些中国字表示的数有着不同的风格和形式,因而常用于正式或非正式的文件上。

---

① 这种说法起源于"洛书"出现在龟壳上的传说。——原注

另一种方法主要用在数的计算上,我们称之为"算筹"。在公元前2世纪到公元2世纪之间,算筹形成了一套非常精致的计算方法。最初,一些枝条或竹条被用来组成数。后来,人们专门设计了放置这些算筹条的计算盘,空的地方则表示该位值单位空缺。

　　用算筹表示从1到9的数有两套方法:

纵式 Ｉ ＩＩ ＩＩＩ ＩＩＩＩ ＩＩＩＩＩ Ｔ ＴＴ ＴＴＴ ＴＴＴＴ
横式 ━ ═ ≡ ≣ ≣ ⊥ ⊥ ⊥ ≡

1 2 3 4 5 6 7 8 9

用两套方法表示是为了避免把12这样的数错写为3。如果只用一套数字,那么表示12的数便很容易与表示3的数混淆——12为Ｉ ＩＩ,而3为ＩＩＩ。中国人采用混合的办法,交替使用两套数字,并形成了这样一种惯例,即在10的奇数次方幂($10^1, 10^3, 10^5, \cdots$)的位置用横式,而在10的偶数次方幂($10^0, 10^2, 10^4, \cdots$)的位置用纵式。这样,12写出来就是 ━ＩＩ,2816则写为以下的形式:

$$═ ＴＴＴ ━ Ｔ$$

以下各数分别写为:

4 ＩＩＩＩ　　　　31 ≡Ｉ　　　　132 Ｉ≡ＩＩ　　　　5682 ≡Ｔ⊥ＩＩ

　　为了表示像205这样其中有含零的占位符的数,人们就在该位置上留下一个空位。大概是为了保持筹条不被挪乱或滚动,人们后来发明了计算盘。计算盘细分为许多小格,用来放置表示某特定数目的筹条。这些盘子上的小格除了放筹条之外还承担了表示"零"的占位符的功能。用计算盘进行计算有点像近代的手摇计算机。

　　最后,算筹演化为一种书写形式。但由于缺少一个相当于零的符号,引起了一些书写上的混乱。起初,当要写一个像207或2704这样的需要带零的占位符的数时,要么写成具有古典特征的形式: ═Ｔ (表示207),要么像在计算盘上那样

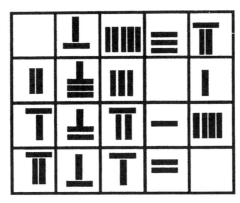

计算盘上所表示的数从上到下依次为 6537，
28 301，67 714 和 76 620。中国人还用计算盘
来建立方程组，这里的第一行也可以表示方程
$6w+5x+3y+7z=0$

画一个空格来表示（右图表示 2704）。

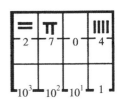

到了公元 8 世纪，中国人开始采用符号〇作为零[①]。

中国人把这个符号既作为占位符，也作为小数点的标志。

随着十进制小数的引入，中国的计算和算术方法呈现出

一派繁荣景象。

这是小数 0.036 的写
法，第一个〇代表小
数点

中国人的数字系统的演化是独立于其他文化发展出

来的，从开始起便采用了十进制位值系统。

---

① 许多人相信，这是当时的中国人与印度数学家接触的结果。——原注

拴羊绳谜题

一只羊被圈在一块面积为2π英亩[1]、形状为等边三角形、周围由篱笆围起的草地上,而且用绳子把它拴在位于三角形顶点处的柱子上。试确定这条拴羊的绳子要多长(取最接近的整英尺),才能使羊能够吃掉这2π英亩草地上一半的草?[2]

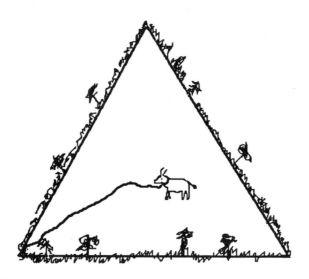

(解答见附录)

---

① 1英亩 = 43 560平方英尺 = 4046.86平方米。——译注
② 该谜题由著名英国谜题专家杜德尼的一道题改编。——原注

劳埃德的
隐藏的五角星

萨姆·劳埃德是美国最伟大和最著名的谜题专家之一。他在少年时代就赢得了一次对棋类问题的悬赏。16岁那年,他成了《棋类月刊》问题专栏的编辑。此后几年,他还为包括《科学美国人(增刊)》在内的许多报纸和杂志编辑一些栏目。最为著名的是他那些机巧的谜题、游戏及新奇的发明,其中包括他的"骗人的驴子"(一种幻灯片,它一直流行至今)"14-15谜题",他改编的"骰子游戏",以及著名的"离开地球"谜题。隐藏的五角星引自《趣题大全》,该书是他死后由他儿子整理完成的。

请找出图中隐藏的五角星

古埃及的僧侣体数字

　　古埃及人用他们的象形文字及数字刻写他们的界石、建筑物或石碑。当时的书吏在芦苇或纸草上进行书写。为了节约时间以便写得更有效率,人们逐渐将象形文字和数字加以改造,使其简单化,形成了一种名为僧侣体的手写字体。埃及书吏们又将数字也逐渐改造为僧侣体用来记账、计算和做记录。最后,原先的象形文字只被用于装饰。

从1到10的僧侣体数字　　　　　　　　一些象形数字的演化过程

　　从公元前3000年到公元前1000年,僧侣体被用于所有的工作领域,诸如科学、法律、管理、宗教和文学。公元前12世纪,僧侣体逐渐被一种更为通俗的世俗体所替代。

历法与时间测量

历法是衡量宇宙的巨钟。我们用以记录时间周期的方法,需要具有很高的精确性。多少世纪以来,人们对测量时间的方法不断加以修订,其精确性不断得到改善。从日晷仪到水钟、摆钟、发条钟,一直到今天的石英钟,虽然在计时工具方面我们不断取得进步,但历法的改善和进展却在1582年格里高利历出现后基本上陷于停滞状态。

这是公元前800年至公元200年间秘鲁使用的
由黄金打造的日历

历　　史

最早的历法应归功于美索不达米亚的居住者,先是苏美尔人,然后是古巴比伦人。

公元前14世纪,中国人建立了一年为$365\frac{1}{4}$天、一个阴历月为$29\frac{1}{2}$天的农历。海希奥德和荷马证实古希腊人在公元前13世纪使用了月亮历(阴历)。公元10世纪,有了希伯来人的月亮历及印度的月亮–太阳历。但那个时期,玛雅人的历法最为先进。该历法包含多个天体运转的进程,诸如天(地球自转24小时)、月亮(阴历)月、太阳年(其时间长度为地球绕太阳旋转一周),以及其他天体如金星等的运转状况。

历法还反映出在地球的不同区域季节的差异——古埃及历法有三个季节,古巴比伦历法有两个季节,而古希腊历法有四个季节。

今天,格里高利历普遍应用于西方世界及商务往来上。但我们发现有人依然在使用其他历法,如希伯来历、伊斯兰历、印度历、中国农历、巴厘历、新几内亚历等,通常是出于该地区的人们在生产、文化和宗教上的特殊需要。

在采用格里高利历之前,儒略历曾经被广泛使用。该历法每128年要增加1天。

太阳年的准确时间为365天5小时48分46秒,或者365.242 190 741 64天。格里高利历设置每年为365.2425天,每四年设一闰(除去不能被400整除的世纪年,如1700年、1800年、1900年等)。经过这样的修订后,每年大约还差$\frac{1}{4}$分钟。这意味着每3323年需要增加一天。这比起儒略历算是有了一定改善,但仍有不尽完美的地方。1930年,世界历法协会开发了一种非常系统化的历法,甚至提交给联合国进行了讨论。但在可预见的未来,现有的历法仍然不会改变。

一套完美的历法能够按我们现今所用的时间单位(秒、分、时、日、周、月)来

设计吗？或许需要设计一些新的单位,例如用π弧度作为时间长度的单位,一年中有6π个月？或许需要设计出其他能够与各种时间测量同步的单位?

或许我们需要扩展我们的历法,不再以地球的时间为标准,而是用宇宙间的关系来替代。对空间的探索正拓展着我们的世界,但无论哪一种新的历法,无疑都需要适应我们现有的生活。似乎大部分人对我们现今通用的历法都感到满意,而不想去改变它!

JANUARY	FEBRUARY	MARCH
S M T W T F S	S M T W T F S	S M T W T F S
1 2 3 4 5 6 7	1 2 3 4	1 2
8 9 10 11 12 13 14	5 6 7 8 9 10 11	3 4 5 6 7 8 9
15 16 17 18 19 20 21	12 13 14 15 16 17 18	10 11 12 13 14 15 16
22 23 24 25 26 27 28	19 20 21 22 23 24 25	17 18 19 20 21 22 23
29 30 31	26 27 28 29 30	24 25 26 27 28 29 30

APRIL	MAY	JUNE
S M T W T F S	S M T W T F S	S M T W T F S
1 2 3 4 5 6 7	1 2 3 4	1 2
8 9 10 11 12 13 14	5 6 7 8 9 10 11	3 4 5 6 7 8 9
15 16 17 18 19 20 21	12 13 14 15 16 17 18	10 11 12 13 14 15 16
22 23 24 25 26 27 28	19 20 21 22 23 24 25	17 18 19 20 21 22 23
29 30 31	26 27 28 29 30	24 25 26 27 28 29 30 W

JULY	AUGUST	SEPTEMBER
S M T W T F S	S M T W T F S	S M T W T F S
1 2 3 4 5 6 7	1 2 3 4	1 2
8 9 10 11 12 13 14	5 6 7 8 9 10 11	3 4 5 6 7 8 9
15 16 17 18 19 20 21	12 13 14 15 16 17 18	10 11 12 13 14 15 16
22 23 24 25 26 27 28	19 20 21 22 23 24 25	17 18 19 20 21 22 23
29 30 31	26 27 28 29 30	24 25 26 27 28 29 30

OCTOBER	NOVEMBER	DECEMBER
S M T W T F S	S M T W T F S	S M T W T F S
1 2 3 4 5 6 7	1 2 3 4	1 2
8 9 10 11 12 13 14	5 6 7 8 9 10 11	3 4 5 6 7 8 9
15 16 17 18 19 20 21	12 13 14 15 16 17 18	10 11 12 13 14 15 16
22 23 24 25 26 27 28	19 20 21 22 23 24 25	17 18 19 20 21 22 23
29 30 31	26 27 28 29 30	24 25 26 27 28 29 30 W

"世界日"日历,每一列的月份总是从同一个星期几开始。每年除复活节以外的所有节日,各自的星期几都是一样的。其设置方法是:在12月和1月之间放一个"世界日";如为闰年,则在6月和7月之间再多放一天(另一个"世界日")

变化的"一天"

美国海军天文台的麦卡锡(Dennis McCarthy)博士报告说:地球上1990年1月24日这一天,比平时长了万分之五秒。这一地球转动速度的变化是通过对恒星及行星移动的测量计算出来的。来自亚洲横跨太平洋的西向风暴引发了这一

变化。地球的转动可能受其表面气候的影响(通过风力)而不断地改变。在1982—1983年期间,地球慢了万分之二秒。这是因为1982—1983年出现的厄尔尼诺现象[①]引起了海水温度和空气压力的变化,从而对全球的气候状况产生了影响。可以说,厄尔尼诺现象是过去100年间最频繁发生的一种大范围的气候现象。

---

① 厄尔尼诺是指太平洋赤道暖流,它与"南方涛动"相联系,后者是一种太平洋气候系统大范围的周期性变化。——原注

空间填充曲线与
人口增长

对一条空间填充曲线来说，三维空间或给定区域内的每一个点都会被曲线描画到，整个空间逐渐变黑。空间填充曲线的扩展与自我复制方式，都类似于人口的增长。

皮亚诺空间填充曲线，展示了该曲线是如何在给定的空间或区域内生成并自我扩展的。一个城市的人口或者整个世界的人口都在不断地增长着，但却被限制在一个固定的疆域内。因此，我们可以利用有效的资料，通过分形、空间填充曲线，借助计算机来规划不同区域人口的密度。

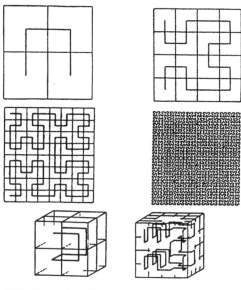

图片显示了空间填充曲线的各个阶段，它通过不断地自我复制，逐渐填满了整个立方体空间

会聚/发散视幻觉

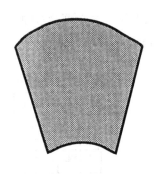

在数学中,我们绝不能只相信眼睛看到的东西。这并不是因为我们敏锐的视力出了什么毛病,而是由于眼睛的生理构造所造成的限制。视觉会欺骗我们!

如左图,上面一个图形看起来显得小些。假如把它剪下来放到底部图形的下面再去看时,它又会显得大了一些。这种错觉称为会聚/发散视幻觉。这种幻觉是由角度或弓形造成的,它导致我们的眼睛向内或者向外,使得物体看起来缩短或伸长了。艺术家、建筑师和服装设计师们都体会到这种视幻觉的力量,并在他们各自的工作中将这个因素考虑在内。

e 和 银 行 业

e 这个数跟我们的日常生活有什么关系呢？事实上，它在我们日常生活中用到的次数跟任何一个特定整数一样多，尽管人们并不总是能察觉到它的出现。

只有很少人知道 e 是一个实际的数，如果问大家，可能多数人只知道 e 是英文字母表里的第 5 个字母。有些人知道它是一个奇特的数，这是他们通过数学课了解到的。只有少数专业人士知道它是一个无理数和一个超越数。

2.71828182845904
52353602874713
52662497757247
09369995…

在今天的银行业里，e 是对银行家最有帮助的一个数。人们可能会问，像 e 这样的数是以何种方式与银行业发生关系呢？要知道后者是专门跟"元"和"分"打交道的！

假如没有 e 的发现，银行家要计算利息就要花费大量的时间，无论是逐日复利还是连续复利都是如此。幸运的是，e 的出现助了一臂之力。

e 的定义是数列 $a_n = \left(1 + \dfrac{1}{n}\right)^n$ 的极限，通常写为 $e = \lim\limits_{n \to +\infty} \left(1 + \dfrac{1}{n}\right)^n$。在利息计算中怎样借助这个公式呢？实际上，应用了聚积原理的复利计算公式是：

$$A = P \left(1 + \frac{r}{n}\right)^{nt},$$

其中A是累积资金,P是本金,r是年利率,n是一年之内计算利息的次数,t是存钱的年数。

上述公式可以变形为关于e的公式。当人们投资1美元且年利率为100%时,一年的本利和可达e美元。开始可能会有人以为总计会是一个天文数字,但看了下面的估算后就会知道它接近于e的值。

$\left(1+\dfrac{1}{n}\right)^n$:

$n=1$	$n=2$	$n=3$	$n=100$	$n=1000$
$\left(1+\dfrac{1}{1}\right)^1$	$\left(1+\dfrac{1}{2}\right)^2$	$\left(1+\dfrac{1}{3}\right)^3$	$\left(1+\dfrac{1}{100}\right)^{100}$	$\left(1+\dfrac{1}{1000}\right)^{1000}$
2	2.25	2.370…	2.704 813…	2.716 923…

于是,我们看到:如果投资1美元,年利率为100%,那么收益一定不会超过2.72美元。事实上,e的小数点后22位数是e=2.718 281 828 459 045 235 360 2…。

下一个问题是,为什么公式$A=P\left(1+\dfrac{r}{n}\right)^{nt}$能起作用。要确定这一点,最好先进行一些尝试。比如说,我们把1000美元以年利率8%存入银行,让我们看看先按一年期计算,然后按每半年期计算,再按每三个月期计算复利时分别会出现什么情况。

一年期

$$1000(1+8\%)^1$$
$$=1000+80$$
$$\quad\text{(利息)}$$
$$=1080$$

每半年期

$$1000\left(1+\dfrac{8\%}{2}\right)^2$$
$$=1000(1+0.04)^2$$
$$=\underbrace{1000(1+0.04)}_{P_1\text{(半年后的本金)}}(1+0.04)$$
$$=P_1(1+0.04)$$
$$=P_1+0.04P_1$$
$$=P_2$$

每三个月期

$$1000\left(1+\dfrac{8\%}{4}\right)^4$$
$$=1000(1+0.02)^4$$
$$=1000(1+0.02)(1+0.02)(1+0.02)(1+0.02)$$
$$=P_1(1+0.02)(1+0.02)(1+0.02)$$
$$=P_2(1+0.02)(1+0.02)$$
$$=P_3(1+0.02)$$
$$=P_4$$

如果逐日计算复利,可用公式$1000\left(1+\dfrac{8\%}{365}\right)^{365}$。这个公式如果靠手算要花很多时间,但如今使用计算器和电子计算机,顷刻间便能得出结果。

多米诺谜题及其他

一张多米诺骨牌是由两个全等的正方形连接在一起构成的。

多米诺谜题

下面的图形中,哪些可以只用多米诺骨牌覆盖? 所有多米诺骨牌必须是同样大小,而且不能重叠放置。

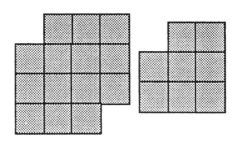

三阶多米诺谜题

三阶多米诺骨牌是由三个全等的正方形连接在一起构成的,有下页图Ⅰ,Ⅱ所示的两种形状。

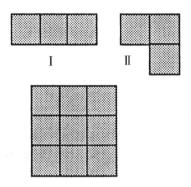

能够只用Ⅰ型三阶多米诺骨牌覆盖上图的3×3正方形吗？只用Ⅱ型三阶多米诺骨牌呢？

四阶多米诺谜题

四阶多米诺骨牌是由四个全等的正方形连接在一起构成的,其可能的形状有：

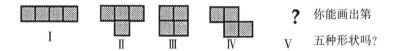

? 你能画出第五种形状吗?

下图的5×4矩形能够只用Ⅰ型四阶多米诺骨牌覆盖吗？只用Ⅱ型呢？只用Ⅲ型呢？只用Ⅳ型呢？只用Ⅴ型呢？

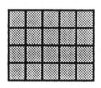

不要就此停止,尝试设计出你自己的关于五阶多米诺、六阶多米诺、七阶多米诺……的谜题。

用折叠方法证明
毕达哥拉斯定理

通过折叠纸张可以证明许多几何定理,其中包含命题:"任意三角形的三个内角和为180°。"下面是一种用折叠纸张的方法对毕达哥拉斯定理的证明。

给定一个直角三角形,证明:

$a^2 + b^2 = c^2$。

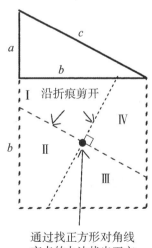

沿折痕剪开

通过找正方形对角线交点的办法找出正方形的中心

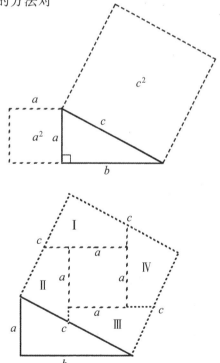

如图所示,将以b为边长的正方形折叠并剪开,再和以a为边长的正方形一起重新组合成一个以c为边长的正方形,它显示出:$a^2 + b^2 = c^2$

溜溜球的数学

比起眼睛看到的表象,溜溜球有更多的内涵。人们会认为,玩溜溜球就像扔一块石头那样。但这是错的！从物理现象上讲,溜溜球更像一个滚动的球。溜溜球的系绳在它所在的平面上活动。如果溜溜球此刻正往地面降落,那么这时它在绳子上的转动速度会越来越快。因为绳子正在不断解开,所以溜溜球的"轴"变得越来越小。溜溜球"轴"的直径越大,球转得就越慢。因此,开始下降时它转得较慢。不过,起初虽然球转得慢,但其势能较大,随着绳子的解开,又不断获得动能,所以下落时速度变得越来越快。当绳子见底时,溜溜球速度达到最大,但也耗尽了所有可用的势能。事实上,此时其运动才完成了一半,接下去绳子又绕轴卷起,开始了以动能换势能的另一半路程。

早期的溜溜球,系绳是固定在轴上的,而球体本身则总是上下起伏地旋动着。后来邓肯(Donald Duncan,被誉为现代溜溜球之父)对此进行了改进,将系

绳缠绕在轴上,并让球体能绕轴自由转动。绳子必须避免碰到溜溜球的边,从而使转动的能量损失达到最小。此后,设计者们又制造出新的高技术溜溜球,它有一个凹进去的轴,外层涂有特氟隆①。不过,溜溜球的革新应该不会就此停止。

---

① 即聚四氟乙烯,一种耐热性与耐腐蚀性都极好的塑料。——译注

创作数学嵌图

计算机绘图易于改动的特性,为数学嵌图开拓了一个全新的远景。利用已有的程序,只要鼠标一点,计算机便能毫不费力而又准确无误地完成变换、旋转和镜射。你能想象得到,这样一种工具会对阿尔罕布拉宫的穆斯林艺术家,或以埃舍尔为代表的数学家的工作造成怎样的影响。

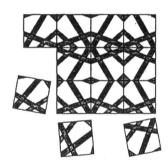

作为嵌图理论基础的数学知识,将帮助艺术家创作出全新的作品。也许在计算机时代,人们会开发出一种全新的嵌图设计。

下面罗列的是许多世纪以来在平面和空间嵌图方面的一些发现。

● 最早观察到的嵌图是自然界中六边形的蜂窝。事实上,公元前4世纪古希腊的数学家帕普斯就观察到,蜜蜂只用正六边形来构造它们的巢室。这种形状的构造会使所需要的材料最少,而且所形成的空间最大。

● 古希腊人发现并证明了等边三角形、正方形和正六边形是仅有的三个能镶嵌平面的正多边形。古代的一些地面镶嵌图案,表明当时的工匠已经学会应用正多边形镶嵌。

● 正多边形可以组合起来创造出新的镶嵌图案。但在同一顶点相接的多边形,其顶角大小的总和必须为360°,否则就会出现缝隙或重叠。

没有边界的井字棋

发现游戏的策略需要逻辑,而逻辑和直觉是建立在数学基础上的。

最简单的井字棋游戏中,两人在九宫格内轮流画各自的记号,谁先画成三子连成一线就算谁胜。在没

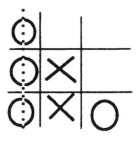

有边界的井字棋游戏中,没有九宫格那样的边界限制。除非双方精疲力尽都同意放弃,否则不会出现平局。

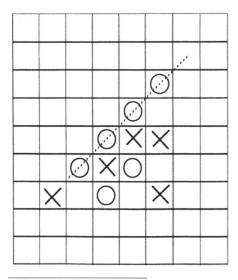

方格绘图纸是这种游戏的理想棋盘。游戏开始前,双方要约定多少个记号连成一直线算是胜利。具体的数目可长可短,初学者最好先从三个开始,熟练后再换成四个连成一线,五个连成一线[①],六个连成一线,等等。

---

① 其中最有价值的连子游戏是五子连成一线,在中国称为"五子棋"。五子棋先手略占优势,为了平衡这种优势,对先手加上一些限制,这就成了一个重要的棋种"连珠"。在日本,"连珠"也像围棋那样设有段位,每年都举行盛大赛事。如今"连珠"在日本有数以万计的爱好者。据说,上自天皇,下至百姓,都无不乐于此道。——译注

数学玩笑

数学家在学术问题上一般是不开玩笑的,因为严谨和认真是他们对数学的一贯追求。而当某个玩笑被揭穿时,数学家往往能察觉出原因之所在,即使有些失意也只当它是一种幽默。下面是一些著名的数学玩笑。

● 费马大定理[1]

这是一个300多年后才被证明的定理。问题是:费马当年是真的证明了这个定理呢,还是他开的数学玩笑?他声称自己已经证明了它,但人们知道他经常会提出一些问题让同行们去进行一些无谓的尝试,来表明他比别人知道得更多。如果这是一个这一类的玩笑,那么费马是否乐于知道这个问题会持续那么久,而后来又会变得那么著名呢?

● 萨姆·劳埃德描述的七巧板[2]起源

美国谜题专家萨姆·劳埃德是一个喜欢开玩笑的人。在他早年主持的棋类栏目中,人们有时会看到一些奇奇怪怪的解答。他的一个最

---

① 该定理的背景信息参见前文。——原注
② 背景信息参见前文。——原注

令人迷惑的玩笑是关于七巧板起源的故事。正如他在《关于七巧板的第八本书》中所描述的那样,他编造了一个七巧板演化的故事。它是如此地令人信服,以至许多读者乃至今天的一些作家都信以为真,并在他们的著作中引用了这个虚构的故事。

● 马丁·加德纳的四色问题玩笑

马丁·加德纳在1975年4月份的《科学美国人》杂志上说,他将为他的四色问题给出一份悬赏。这个玩笑本来是作为愚人节的文章,他原以为没有人会认真对待这件事。令他惊奇的是,他居然收到了超过1000封读者来信,看来人们真的相信了这个故事。

● 布尔巴基的玩笑

布尔巴基是谁? 虽然布尔巴基其人并不存在,但以他名义出版的数学书却一本又一本,而且非常实在和严谨。布尔巴基是一群隐姓埋名的数学家,他们以布尔巴基为笔名写下了多卷的《数学原理》。虚构的布尔巴基是一位具有希腊名字、来自南锡的法国人,而且与虚构的南加哥大学相关。虽然布尔巴基的数学著作和见解不断赢得好评,但是没有人能够知道这个秘密小组的全部成员。

算术三角形的起源

人们常把算术三角形与数学家帕斯卡的名字联系起来,如今众所周知的名称就是帕斯卡三角形。帕斯卡最早是在他的《论算术三角形》一书中写到它(约1653年),但这个由数组成的三角形在帕斯卡之前很久就已经为人们所认识。在中国数学家杨辉和朱世杰的著作《四元玉鉴》(1303年)中就包含了算术三角形以及对算术三角形中的数列求和。

在《四元玉鉴》的开卷语中,有一张算术三角形的说明,标题为"古法七乘方图",显示了二项展开式直到八次方的系数。朱世杰提到,该算术三角形是一种求不高于八次方的二项展开式的古老方法。这种古老方法也见于另一本中国的数学著作,该书写于公元1100年,书中显示了一种表示二项式系数的系统,这暗示了算术三角形当时就已存在。

有证据表明,二项式定理和算术三角形那时也已为波斯诗人、天文学家和数学家海亚姆(Omar Khayyam)所知。在海亚姆的《代数》中,他提到他曾在别的地方叙述了确定4次、5次、6次及高次方二项式系数规律的方法。不幸的是,论述它们的著作现已失传。

残存的最早包含算术三角形的阿拉伯著作出自15世纪的阿尔·卡西(Al Kashi)。1527年,阿皮安(Peter Apian)的《账单》的内封页就印有算术三角形,而在斯蒂费尔(Michael Stifel)1544年的《整数算术》中,也提到了算术三角形。

1527年出版的阿皮安的《账单》的内封页

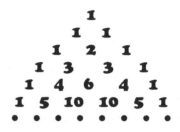

算术三角形的前6行

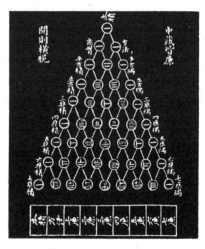

算术三角形的中国样式

虽然帕斯卡不是算术三角形的创始者,但应该承认他确实发现并证明了算术三角形的一些新的性质。

红杉树——
数学与自然

大自然总是会让人大吃一惊。当我们仔细观察自然界的各个领域,便会得出这样的结论:大自然似乎懂得数学!

加利福尼亚高高的海岸红杉和巨大的美洲杉,都是地球上最古老的活化石。在它们身上我们能够发现一些诸如同心圆、同心圆柱、平行线、概率、螺线及比值等数学概念。

● 同心圆、同心圆柱和平行线

在旧金山以北几英里的缪尔①国家森林公园,人们可以发现一丛丛巨大的红杉树。在缪尔树木陈列室里有一棵古代树木的横断面。沿着断面上的同心圆,可以看到许多历史资料的记录。在这些记录中,有基督出生、诺尔曼人的征服,以及哥伦布(Christopher Columbus)发现新大陆的年份等标记。

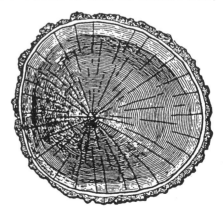

一棵树的横断面会显示出同心圆的形式。正常情况下,树木每年生成一个圆环,环的宽度则取决于气候的变化。

---

① 缪尔是19世纪末20世纪初美国著名的博物学家。——译注

干旱时期产生的环会窄些。这些环除了能够确定树的大致年龄外,还揭示了影响它生长的气候和自然现象等信息。科学家们能够用这些环来证实历史上发生的诸如干旱、火灾、洪水和饥荒等假说。

当观察树的整体时,这些同心圆表现为同心圆柱。这些圆柱的纵断面上有一系列平行线。靠近中心处的平行线是树的芯材(死细胞);外面的平行线是树的边材,为树木上下输送养料。随着树的生长,原先为边材的圆柱层逐渐变为树的芯材。在树皮与边材之间还有一个单细胞的圆柱层,称为形成层,新的细胞正是由形成层制造,并变为树皮和边材。

● 概率

不同树种的种子的大小和数量有着很大的差异。例如,七叶树的种子每磅只有27颗,相比之下红杉树的种子每磅却多达12 000颗。红杉树的球果长度在

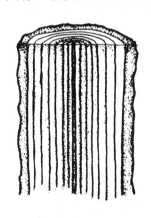

$\frac{1}{2}$英寸到1英寸之间,其中带有80到130颗种子。这些种子能够在15年之内发芽、生长。事实上,一棵巨大的红杉树每年会产生几百万颗种子。大自然通过种子的数量和大小来对种子的发芽率进行补偿。在逆境中,许许多多小小的种子会增加红杉树萌芽的机会。而种子发芽后,说不定几千株中只有一株有望长成大树。

● 螺线

看一看红杉树的树皮,你会注意到在它的生长模式中有一些轻微的打旋。这是一条生长螺线,它是由地球的自转以及稠密森林中微弱阳光对红杉树生长方式的影响共同造成的。

● 比值

有一个令人惊异的庞大根系支撑着这些高大挺拔的巨树。这些根系主要由

浅根（4—6英尺深）构成，支撑巨大红杉树的是侧向伸展的支根。根系长与树高的比值通常在 $\frac{1}{3}$ 与 $\frac{2}{3}$ 之间。例如，一棵高为300英尺的树，它的根系从树干底部算起大约会有100—200英尺，才能为大树提供足够坚实的基础！

早期的计算工具

没有什么会比数学演算更加令人烦恼了……一些大数的乘、除、平方、立方、开方……因此我开始考虑……怎样才能排除这些障碍。

——纳皮尔（John Napier）

没有多少年前,科学家和学生们还随身携带计算尺作为计算工具。今天,计算尺已被小巧的计算器所替代。这种计算器能施行多位数的加、减、乘、除运算,计算 n 次方幂及 n 次方根,贮存 π 和 e 的值,进行单位换算,即时计算应付的货款,甚至可以计算并展示函数的图像等等。看一看这几千年来计算工具怎样一步步演进到今天这种高科技水平,无疑非常有趣。

人类最早的计算工具是自己的手。随着时间的推移,一种用手表示的数的系统发展成为商业上以及不同语言的人之间进行交流的工具。甚至在今天,我们还能看到一些年轻学生用他们的手指来帮助计算或进位。

然而当用于计算的数超过十个手指时,人们便开始探索新的工具。最先想到的是堆小石子的方法,但依然需要有一个人去完成收集和计算石子这样较为复杂的

结绳是印加人用来记账的工具。通过在绳子上打结的方式,他们将整个印加帝国的账目记录并保存下来

工作。然后就有人萌生了制作易于携带的小石子器具的念头,最终引发了算盘的构想。

各种各样的算盘在中国、古希腊、古罗马等地被使用。算盘至今仍在亚洲许多地方流行。中国人最早用算筹来进行计算(约公元前542年),大约在11世纪,算盘出现在计算领域中。在那以后的若干世纪,算盘对于通常的商业计算已经足够了①。然而,数学家们需要应付各种各样的问题。这些问题要求计算非常大的数,或者虽然小却带有复杂小数的数。这时算盘就显得能力不足,而手算则既花时间又容易出错,于是一个新的方法被设计出来。

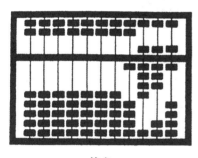

算盘

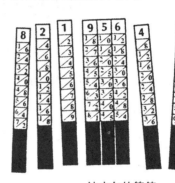

纳皮尔的算筹

17世纪,苏格兰人纳皮尔发明了对数,并根据对数原理制成了一种叫"纳皮尔的骨头"的算筹。商人们带上这么一套用象牙或木头做的算筹便可以进行计算。可以说,没有对数的发明,就没有英格兰人冈特(Edmound Gunter)对计算尺的发明(约1620年)。利用对数还能制作出应用广泛的数学用表,它使乘方、开方等复杂计算以及困难的乘除运算都变得十分容易,从而大大减少了花费的时间。

1642年,年仅18岁的法国数学家帕斯卡制作了世界上第一台计算机器。他制作这台机器的目的可能是想帮助他父亲算账。这台机器可以进行加减运算,

---

① 当然,航海要求有专门类型的计算工具,并用恒星来确定航海路线。在这方面我们发现了一些星图,以及更晚些的六分仪(1757年)。——原注

但从商业的角度看它不具备推广价值,因为商人们雇人进行计算的花费要远少于这种机器的维修费用。但它的意义却在于,向更为复杂的计算机器设计走出了重要的一步。

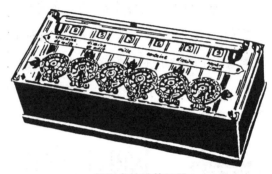

帕斯卡的计算机器

1673年,德国数学家莱布尼茨设计出一台新的计算机器,这台机器除加减运算外还能进行乘除运算。这台机器虽然远非完美,但却是一个非常重要的开端。经过对它的不断改善和发展,最后演化成为手摇的台式计算器。

与此同时,英国人巴比奇对于出版的图表中不断出现的数字错误感到非常

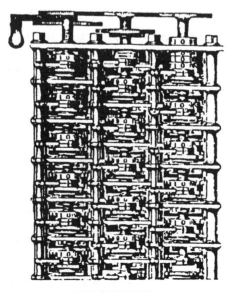

巴比奇的差分机

298

失望,并决心建造一种机器,使其能对预先给定的资料按程序进行计算(约1812年)。

不幸的是,当时的技术无法生产出足够精密的齿轮和嵌齿装置。但是他的工作以及他的追随者阿达在计算机程序方面的贡献[1],却为现代计算机的发展奠定了基础。

下一个突破口来自人口普查。1880年的美国人口普查采用人工统计,需花费10年时间。等普查结果出来,下一次普查又要开始了。1887年,美国人口普查部门宣布开展一场全国性的比赛,旨在发展一种在人口普查方面可靠而有效的系统。结果发明家霍勒瑞斯(Herman Hollerith)发明了一台机器,该机器用计数轮和继电器打卡的方式进行运算。霍勒瑞斯的机器取得了决赛权,但也受到了多方质疑。竞赛组织者决定,三名入选决赛的人每人都要进行一次实际的运算试验,结果霍勒瑞斯的机器只花5.5小时便完成了工作,而与他最接近的参赛者却花了44小时。最后,他赢得了这场决赛。在1890年的人口普查中使用了他的机器,结果只一个月便完成了运算任务。不过,这台机器不像巴比奇所设想的那样有贮存资料及按贮存资料运行的能力。

到了20世纪,现代计算机开始显露端倪。这个世纪的每十年,工艺上都发生了很大的进步和改善——电动机器的使用;真空管的开发和初期应用;半导体和集成电路的发明;在一块硅片上开发大规模集成电路,使个人计算机在大小和价格上成为可行……这些都使计算工具的发展突飞猛进!

---

[1] 为了纪念巴比奇及阿达的创新精神和贡献,IBM公司建造了一台分析机工作模型(阿达提供了程序设计上的帮助,并在财力上支持了巴比奇)。——原注

剪刀、纽扣和绳结

试找出一种方法,在不剪断、不解开绳子的前提下,让绳子与剪刀分开。

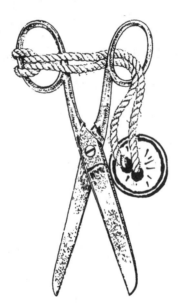

取一把剪刀、一颗比剪刀手柄上的洞大些的纽
扣和一根绳子,让绳子如图穿过纽扣和剪刀

汉诺塔问题的一种变体

这道谜题是众所周知的汉诺塔问题①的一种变体。

● 取四张牌——一张A(代表1点),一张2,一张3,一张4。

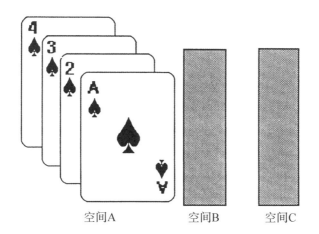

空间A　　　　空间B　　　　空间C

---

① 汉诺塔问题源于有关"世界末日"的古老传说:在世界中心贝那勒斯(印度北部的佛教圣地)的圣庙里,安放着一块黄铜板,板上插着三根宝针,细如韭叶,高约腕尺。梵天在创造世界的时候,在其中的一根宝针上,从下到上串上由大到小的64片金片。这就是所谓汉诺塔。当时梵天授言:不论黑夜白天,都要有一个值班的僧侣,按照梵天不渝的法则,把这些金片在三根宝针上移来移去,一次只能移一片,并且要求不管在哪根宝针上,小片永远要在大片上面。当所有的64片金片都从梵天创造世界时所放的那根宝针,移到另外一根宝针上时,世界就将在一声霹雳中毁灭。汉诺塔、庙宇和众生,都将同归于尽! 这,便是世界的末日……——译注

● 谜题的目的是将空间 A 中的牌移到空间 C 去,但要遵从以下的规则:

(1)点数大的牌不能放在点数小的牌的上面,例如,你不能把"2"放在"A"的上面,但可以把"A"放在"2""3"或"4"的上面。

(2)每次只能移动一张牌到另一个空间。

如果你掌握了从"A"到"4"这四张牌的移动方法,那么你可以将牌增加到五张、六张……,再试试看。

祝你好运!

不可能图形

有欺骗性的图形在数学解题过程中常常是导致失误的一种原因。例如,用17、6.75和10.2为边长作三角形。检查一下该"三角形"的边长就知道,这个图形不可能作出来(三角形任意两边之和必须大于第三边)。

现在研究一个"削去顶端的锥体"图形(右图)。你知道为什么所画物体不可能是一个削去顶端的锥体吗? 文后会给出解答。

古往今来,不可能图形刺激着艺术家和数学家们的想象力。早期的不可能图形可能是艺术家错误的透视画法造成的结果,但也可能是某人故意为之。我们在修复15世纪荷兰布雷达的柯克(Grote Kerk)的

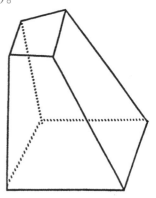

它是一个削去顶端的锥体吗?

作品时发现了这类例子。左图中我们见到的三柱两拱结构就是柯克的作品,图中的柱子是共线的,但它们呈现的透视方式却是:拱弯曲向前,而中间的柱子出现在背景里。16世纪,皮拉内西(Giovanni Battista Piranesi)所作的石版画《想象的地牢》中也出现了不可能图形,创

在柯克的作品中对三柱的一种描绘

造出了一种奇怪的空间景象。

19世纪出现了大量有关视幻觉的创作和研究。20世纪,我们发现了许多含有不可能图形的令人兴奋的作品。瑞典艺术家雷乌特斯瓦德(Oscar Reutersvärd)在1930年首先画出了不可能的三杆,这是9个立方体的一种排列。随后,他又创作出了许多类似的作品。20世纪50年代,罗杰·彭罗斯和莱昂内尔·彭罗斯(Lionel S. Penrose,罗杰的父亲)撰写了论述不可能图形的文章。文中他们描述了三杆和一种没有尽头的楼梯,后者可以无止境地上升或下降,却依然保持在同一水平面上。上述概念被像埃舍尔这样的艺术家引用,来为他们的作品润色。在这方面,埃舍尔创作了许多令人兴奋的平板画,如《瀑布》(1961)是根据不可能的三杆创作的,《凹凸》(1955)是利用立方体看起来或凹或凸的二重性创作的,《望景楼》(1958)是利用不可能的长方体创作的,《上升和下降》(1960)是根据彭罗斯父

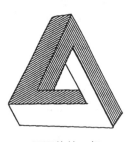

不可能的三杆

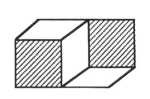

立方体的二重性——可以看成向内或向外

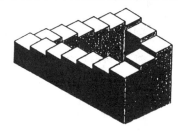

根据彭罗斯父子的文章设计的上升或下降的楼梯

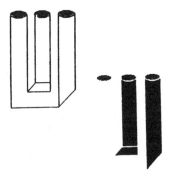

这是用计算机作出的"不可能的叉子"在黑白转换前后的样子

子提出的楼梯创作的。恩斯特(Bruno Ernst)在他的《魔镜》一书中对上述作品进行了引证、分析和研究,甚至还添加了专门的评注。

今天,计算机已成为十分有用的新媒介。艺术家和数学家借助计算机,可以创造出新一代的不可能图形。例如,看一看左图中"不可能的叉子",当咔嗒一声按下鼠标时,黑白颠倒了(白的部分全都变黑,黑的部分全都变白)。

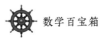

现在它给人带来一种全新的感觉。想必这些新的图形会令人感到振奋。对于不可能图形产生的新魅力及其数学解析,必将激发人们的智慧和想象力。

最后给出不可能锥体的解答。因为侧棱的延长线并不交于单一的点,所以它不可能形成一个锥体。

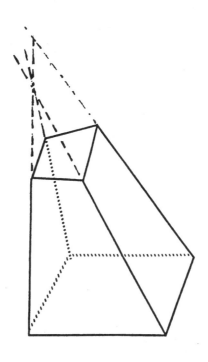

哪一枚硬币是假的

27枚硬币中有一枚是假的。假币的重量比其他26枚真币略轻,而所有真币重量相等。

试问,最少需要称量几次才能确定出假币?

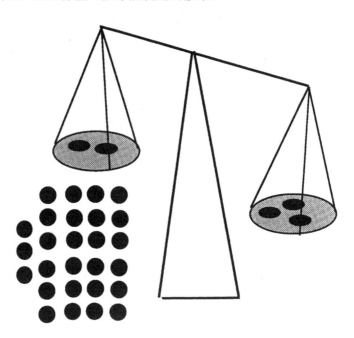

(解答见附录)

数学、穆斯林艺术及埃舍尔

在穆斯林艺术的演进中，伊斯兰教发挥了重要作用。由于伊斯兰教严令禁止艺术家画活着东西的像，所以他们的艺术有着一种全然不同的特征。穆斯林们信仰他们的真主阿拉（Allah），把他看成唯一的生命创造者。因此，如果一名艺术家试图描画或雕刻一个有生命的物体，他便冒犯了阿拉的神圣。这种信仰给穆斯林艺术家的创作加上了非常严格的限制。他们需要在作品中力求避免出现人类和动物的像，必须出现时也要呈现出非写实的状态。因此，艺术家们将自己的创作引到一个非常特殊的领域，即将作品限制在装饰和镶嵌方面，并把几何图案与植物花草等图饰联系起来。为此，穆斯林艺术家们不断钻研数学，以拓宽受限制的创作范围。

右图中的阿尔罕布拉宫是一座优雅的穆斯林建筑和艺术的精粹。

阿尔罕布拉宫的众多房间之一，它以镶嵌手法装饰

这座宫殿式的要塞位于西班牙的格拉纳达。阿尔罕布拉宫由摩尔人的王室于1248至1354年间建造。它是欧洲摩尔人艺术的最为优秀的例子之一。阿尔罕布拉宫的墙壁用一种呈现出令人惊异的变化效果的图案来装饰。在那里可以看到诸如对称、镶嵌、镜射、旋转、几何变换、明暗全等等数学概念的应用。艺术家发现并应用这些概念，以寻求扩展他们的艺术形式。数学家和艺术家知道如何镶嵌平面，他们发现了所有可能存在的平面对称。

在阿尔罕布拉宫，受到启发的埃舍尔又把镶嵌艺术继续向前推进。1926年，他第一次短暂参观了那里，随后便着手设计一些令自己满意的镶嵌图案，但这种努力失败了。他把自己的精力投放到填充空间的艺术上，并为此花上了十年。1936年，他带着妻子重游阿尔罕布拉宫。在这次参观中，他再次受到启发，那里丰富的填充空间的设计给他留下了深刻印象。他和他的妻子花了许多时间来临摹这些迷人的镶嵌。回到家后，埃舍尔便对所收集到的图案详加研究，还从各种书籍中寻找装饰的类型及其数学依据。他如此沉浸于这些对象，终于取得了收获，建立了自己独有的艺术风格，在创作图案时不再局限于周期性填充空间的规律。埃舍尔说：

"摩尔人掌握了用全等图形铺满平面且不留任何缝隙的方法。在西班牙的阿尔罕布拉宫，他们用全等的多彩陶片来装饰墙面，这些陶片镶嵌在一起，中间没有缝隙。可惜的是，伊斯兰教禁止制作肖像。这样一来，他们的镶嵌只好限制在绝对的几何图形上……我发现所有这些令人难以接受的限制，正是让我自己的图案构造具有辨识度的因素，这也是我对这个领域永葆兴趣的原因。"

依然遗留的问题是：如果穆斯林艺术家没有受到这些限制，那么他们的艺术风格，以及背后支撑的数学，又将会怎样演化呢？

中东跳棋

需要用到棋盘的游戏出现在几乎所有的文化中。这些作为娱乐和消遣的棋类游戏,其历史大多可以追溯到上千年前,在今天依然使人感受到欢乐。

中东跳棋就是一种古老的使用棋盘的游戏,曾在许多国家流行。它的起源可以追溯到古埃及。事实上,人们在古尔奈的寺庙中发现了大约公元前1400年的中东跳棋棋盘雕刻图样。统治西班牙大部分地区达500年之久的摩尔人最早把中东跳棋介绍到西班牙。后来,西班牙人把它称为"类跳棋"游戏。移民到墨西哥的西班牙人又把这种棋类游戏带到那里,结果为新墨西哥印地安祖尼人所津津乐道。

中东跳棋是一种极富挑战性的游戏,它需要许多思考、策略和逻辑。

游戏规则:

(1)游戏由两人玩,开局时如下页图所示摆放24枚棋子;

(2)双方轮流移动棋子;

(3)一枚棋子能够移动到任何没有其他棋子的邻接空位;

(4)一枚棋子允许跳过对方的邻接棋子并到达下一个与被跳过的棋子邻接的空位,在此过程中吃掉对方被跳过的棋子,且允许连跳连吃;

(5)如果一方一时疏忽跳错了棋子,那么这枚棋子就算被对方吃掉;

(6)首先吃掉对方全部棋子者胜。

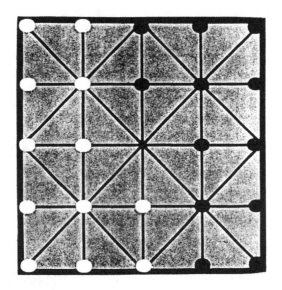

日 式 算 盘

日式算盘在日本似乎经历了一场复兴。日式算盘学校十分兴盛,而一些日本计算器厂商会同时生产计算器和算盘,有时甚至把它们装配在一起。

日式算盘的倡议者认为:使用算盘可以减少犯错误的机会,而且算得更快。算盘在算盘专家手里胜过一台计算器,而且还能帮助使用者更加了解算术。

在日本,每年都会举办一次全国性的珠算比赛。参赛人员要解20道题,每道题都包括20个11位数相加,比赛要求在5分钟内完成全部问题。

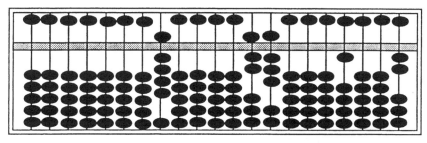

日式算盘

曲线总跟 π 有联系吗

世界各地的古代人都知道圆的周长和直径之间有着特殊的比例关系。π 这个数就表示圆的周长除以直径所得的结果，人们对它的了解和应用已经有好几千年。计算圆的面积也要用到 π，即圆面积 = πr^2。那么，是否所有的曲线，其长度和它所包围的面积总跟 π 有联系呢？

公元前 450 年，希波克拉底研究了弓形，并证明两个阴影弓形的面积等于一个阴影三角形的面积。在 17 世纪人们发现，摆线的长度是一个不依赖于 π 的有理量，它等于旋转圆直径的 4 倍。另外，摆线弧下方的面积等于旋转圆面积的 3 倍，这里面包含有 π。这几个例子说明，曲线跟 π 并不是息息相关的。

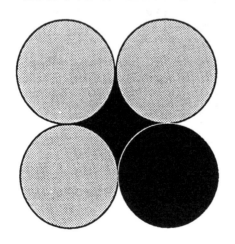

水壶阴影谜题

阴影部分水壶形状的面积与 π 有关吗？四个全等的圆的半径均为 $\frac{1}{2}$，试确定该水壶形状的面积。

（"水壶阴影谜题"解答见附录）

几何图形的宝库

你看到的下面这个令人喜爱的图案是由线段组成,并构成了许多不同的形状。但更仔细地观察就会发现,它是由两种等边图形合并而成的,一种是正方形,一种是等边三角形。许多对象都隐藏在其中。事实上,构成它的只是一个正方形和四个等边三角形,每一个等边三角形都有一个顶点重合于正方形四个角中的一个。试在这个图案中找出对称、旋转、其他正方形、其他等边三角形、五边形、梯形、六边形、等腰直角三角形、其他直角三角形、菱形及平行四边形等图形。

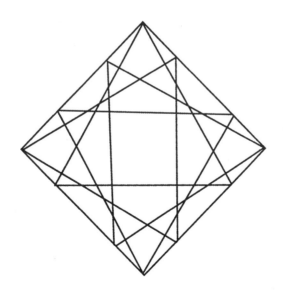

翻转棋

翻转棋的历史可以追溯到19世纪初,那时它已是一种极为流行的棋类游戏。今天,这种游戏仍以种种商品形式广为销售。其中一种设计采用了立方体,其6个面画上不同的颜色,可允许6组人同时玩。这种游戏还可以进行人机对战,由计算机控制难度和速度,你和计算机各执一方。

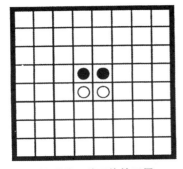

翻转棋的一种可能的开局

翻转棋是在8×8的标准棋盘上进行的,使用64枚扁平的具有对比色的棋子(例如一面黑一面白等等)。正如棋的名称所暗示的那样,游戏的主要任务就是翻转棋子。游戏的规则和步骤虽然简单,但玩起来却极富挑战性,下快棋更会使游戏直至结束都充满惊奇和意外。

游戏步骤:

(1)每个玩家开始时各有32枚棋子,每人挑选一种颜色,然后轮流下子;

(2)前4枚棋子必须放在棋盘中央的4个方格里,右图是一些可能的开局;

(3)每个玩家轮流把自己的棋子放在与对方棋子相邻接的空格中,并试图"捕获"对方的棋子;

（4）当对方一枚或多枚棋子不间断地连成一线，且该线段两端均为己方棋子时，对方这一条线上的棋子便被"捕获"，这些被捕获的棋子将翻转成为己方的颜色（注：在游戏过程中，一枚棋子可能会多次改变颜色）；

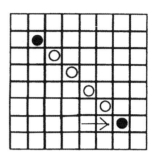

当这枚黑子放下去时，白方的4枚棋子就应翻转为黑色

（5）当一枚棋子放下去时，可能会使对方多于一条线上的棋子转变颜色；

（6）任何一方都不允许凭自己的喜好去决定是否翻转颜色。在能够翻转颜色的位置上，所有的棋子都必须翻转。不过，即使翻转后的棋子又造成了新的捕获线，也不可以在同一步中再次进行捕获；

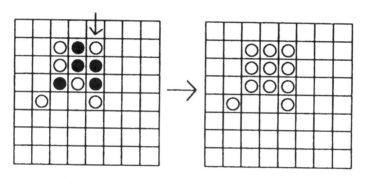

如果白子放在这里，就可以捕获3条线上的黑子

（7）如果玩家不能做到捕获，他就失去这次轮到的机会；

（8）当所有的棋子都下完或没有地方空下来时，游戏便告结束；

（9）在棋盘上己方颜色棋子更多的玩家获胜。

让我们尽情玩耍吧！

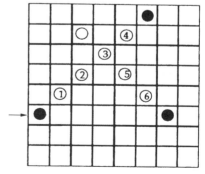

如果黑子放在这里，从1到4的白子被捕获并翻转为黑色，这时3号棋子虽为黑色，但不能再次对5号和6号棋子进行捕获

172

诗人兼数学家——
海亚姆

海亚姆以其诗歌与文学作品（如《诗集》）闻名于世。而在数学领域,他也因多有建树而知名,他的贡献包括:

● 发现三次方程的几何解法;

● 提出了确定4次、5次,6次及高次方二项式系数的一种规则(正如在他的书《代数》中所提到的);

● 对欧几里得的《几何原本》提出了一些批判性的论述。

海亚姆还是一位颇有成就的天文学家。他对波斯的历法加以改造,使其几乎与格里高利历一样精密。在他的《诗集》中,我们发现其中有一节提到了他对历法的改造。

"啊!人们认为我的计算,

让年份显得更加准确?

不,日历只会让我们想起,

昨天已经逝去,明天即将来临!"

达·芬奇与椭圆

达·芬奇是文艺复兴时期的核心人物——一位艺术家、建筑师、科学家、发明家、数学家、哲学家和雕塑家。他的笔记中充满了设计的草稿和革新的想法，其内容延伸到各种各样的对象。他的不少想法对那个时代来说似乎是太先进了。他发明了不同类型的特殊圆规，这些圆规能够画出抛物线、椭圆和比例图形。他还发明了为广大艺术家所普遍应用的透视画法，就连丢勒这样的艺术家也都要借助透视画法来描画物体。他努力学习和掌握各种他认为重要的以及对他的工作有影响的学科和题材。他的笔记和各种革新方案被艺术家们视为至宝并用于提升自己的工作。

下面的草图说明了他所创造的描画椭圆的方法。

达·芬奇发明的这种画椭圆的巧妙方法如下：

● 画两条相交直线。

● 剪一个三角形，在每条直线上分别放一个三角形的顶点。如图所示让三角形沿着直线滑动，并记录第三个顶点的轨迹，用这个方法就能描画出一个椭圆。

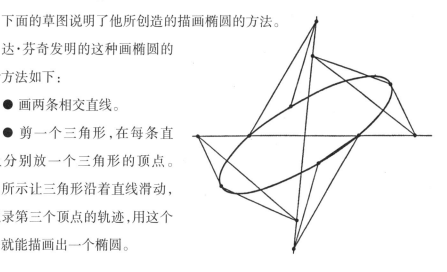

φ——
一个不常见的无理数

现在到了讨论φ的时候了,让我们从每天所用的数中辨认出它来。为什么它在我们日常的计算和交谈中很难被提到呢？照理它应当占有一席之地并享有应有的荣誉。

φ也是自然界中一再出现的数学概念,就像三联点、e、i、π、镶嵌、等角螺线、六边形、柏拉图多面体、摆线、分形、对称等概念一样。虽然φ不是你每天都能见到的无理数,但它在自然界和各种数学思想中出现的频率却与π一样普遍。φ与黄金矩形及斐波那契数列之间有着分不开的联系,所以只要这些数学概念出现在哪里,φ也就会出现在哪里,诸如花的生长图案、松树的球果以及有小室的鹦鹉螺壳等等。

虽然一直到20世纪,黄金分割比才得到符号φ,但它的发现却可追溯到数千年前。我们知道古希腊人创造了φ,并在他们的建筑设计(如帕台农神庙)和雕刻物中使用黄金矩形。大概古希腊的几何学家在研究比例和几何平均值的时候就发现了怎样去构造一条线段自身的几何平均值。而这一发现可能导致了黄金矩形的构造,或者正好相反。

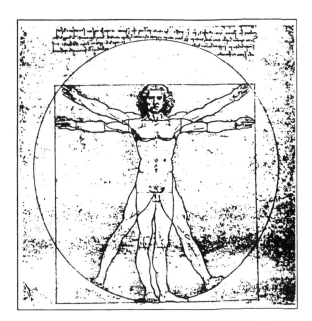

这是达·芬奇为数学家帕乔利的书《神圣比例》所作的一张插画,该书于**1509**年出版

φ的实际值为:

$$\phi = \frac{\left(1 + \sqrt{5}\right)}{2} = 1.618\cdots$$

当它出现在以下事物中时或许我们能够辨认出它:

● 等角螺线

● 五边形

● 黄金矩形

● 黄金三角形

● 艺术

● 建筑学

● 代数

● 无穷数列

● 柏拉图多面体

● 圆内接正十边形

● 斐波那契数列相继项的比所构成的序列的极限

● 其他你可能钻研的东西

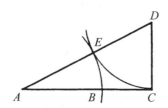

将一条线段黄金分割的方法：

（1）画任意线段 AC，并将它作为一个单位长度；

（2）作线段 CD 垂直于 AC，并取 CD 为 AC 的一半；

（3）联结线段 AD；

（4）以 D 为圆心、CD 为半径画弧，交 AD 于点 E；

（5）以 A 为圆心、AE 为半径画弧，交 AC 于点 B。此时点 B 分 AC 为

黄金分割比，即

$$\frac{|AC|}{|AB|} = \frac{|AB|}{|BC|} = \phi = 1.618\cdots$$

园子里的数学

"早上好！"园丁喊道，似乎她是在迎接日出和问候她的植物。但她对正在叶子或土壤里悄悄发生着的奇怪变化却知之不多。在植物根部的深处有分形和网络，而在大波斯菊、鸢尾属植物、金盏草和雏菊上，斐波那契数正凝视着她。

她照常做着每天照看园子所应做的事。在每个地方都有一些不寻常的东西出现，但她没有注意，只有当大自然呈现出明显的变异时，她才感到迷惑。

首先她去清理蕨类植物。去掉枯死的复叶，让新的卷牙露出来。她不知道此时等角螺线正在对她打招呼，也不知道蕨叶的构造类似于分形。突然，她闻到了忍冬那沁人的芳香，于是她改变计划决定先过去看看，在那里她看到忍冬爬上了篱笆，与豌豆绞缠在一起。她决定对此进行适当修剪，但她并没有意识到她所面对的是螺旋，忍冬的左旋螺旋绞缠着豌豆的右旋螺旋。她的动作小心翼翼，因为她担心会损伤新种植的豌豆。

接着她去为棕榈树除杂草，她会在园子里种些像棕榈这样有异国情调的东西。棕榈的枝条在微风中晃动，而她没有想到

321

渐开线正轻轻擦过她的肩膀。

她沾沾自喜地看着她的玉米。她曾经犹豫过是否要种植玉米,但现在玉米幼苗长得这么好,使她受到了鼓舞。但对于玉米棒中的玉米粒所形成的三联点,她肯定是一无所知的。

多好的一个园子啊!一切生机勃勃,欣欣向荣!枫树上的新叶子值得赞美,她知道枫叶有着天生惹人喜爱的形状——自然界会把这类轴对称做得非常完美。但自然的叶序只有受过训练的眼睛才能看出来,它是植物枝干上叶子萌生的情况。

环顾四周后,她把目光落在种胡萝卜的地块上。她为此感到自豪,它们长得多好啊!可是它们应该再长细些,才能都长成好身材的胡萝卜。她显然并不指望让自然生长的胡萝卜来镶嵌空间。

她没有意识到园子里到处充满着等角螺线,它们存在于雏菊和各种花的种球上。许多植物生长时形成螺线,因为当它长大时这种方式能保持它的形状。

天气渐渐暖和了,随着日头的转移,她继续在园子里劳作。同时,她对自己精心选择的观赏花、蔬菜和其他植物的组合暗暗喝彩。但更多的东西被她忽略了,那是充斥于园中的球、锥、多面体及其他几何形状,而她却没有认出它们来。

大自然在园子里展示了种种奇异的景观,大多数人却并不留意其中所包含的大量计算和数学工作,把它们当成自然界中十分正常的事情。自然界完全知道怎样在限定的材料和空间下产生最为和谐的形式。于是在春暖花开的日子里,园丁一走进她所照看的园子,就能看见一片明媚春光。她会找出那些每天新长出来的植物和花朵,却不晓得数学之花也正在她的园子里绽放着!

智力谜题

码头和跳板问题

一个分离的渔场码头(它与固定码头之间的桥毁坏了)距离固定码头20英尺。两个码头一样高。一些性急的渔民想试试能不能走到分离的码头。他们有两块跳板,每块长19.5英尺、宽1英尺,而且不能把它们钉在一起。一个聪明人找到了一种方法,巧妙地利用这些跳板来过渡。

试问:怎样利用这些跳板抵达分离的码头?

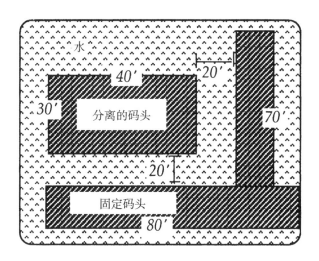

逻辑小测验

玛莎、比尔和特里每人都从事两个不同的职业,他们彼此间的职业也各不相同。这些职业包括:作家、建筑师、教师、医生、律师和艺术家。以下各条陈述中的每个角色都是指不同的人。

(1) 教师和作家跟玛莎去滑雪。

(2) 医生委托艺术家画一幅壁画。

(3) 医生跟教师一起开会。

(4) 艺术家是建筑师的亲戚。

(5) 特里下棋胜了比尔和艺术家。

(6) 比尔住在作家的隔壁。

你能确定每个人的职业是什么吗?

(解答见附录)

摆线的新发现

17世纪是人们对机械和运动的数学最感兴趣的时代,也是摆线的时代。当一个圆在一条直线上平稳地滚动时,圆上一个固定点所描出的曲线即为摆线。伽利略是一位对摆线感兴趣的杰出人物,他发现了(但没有证明)有关摆线的两个重要事实。他通过用绳子度量并与旋转圆的直径相比较,发现一条摆线弧的长度是旋转圆直径的4倍。在研究摆线弧下方所围部分的面积时,他切下摆线所围图形的薄板并称取重量,然后与同样由薄板构成的旋转圆重量相比较,得出前者的面积是后者面积的3倍。他的实验被证明是精确的。遗憾的是,那时的数学还不能提供对这些发现的证明。

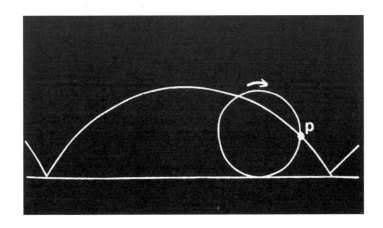

数学与图案

在美国的地毯、日本的纹章徽饰上，或是史前的石雕陶器、穆斯林的建筑上，乃至于计算机绘图作品上，那些迷人的图案都是数学思想的财富。在某些情况下，艺术家可能并不知道隐于他们图案后面的数学概念；但在另一些情况下，艺术家则是依靠数学来创造新图案。不过，人们在意的并不是数学概念，而是发现、探索及识别出这些图案。

例如，下图中的地毯在美国很流行，在图案中包含了以下这些概念。

● 轴对称和镜射

两条贯穿中央的水平和垂直对称轴可以把图案分为完全相等的两部分，在对称轴的两边也都是镜像设计。

● 全等

到处都可以见到全等的形状。

● 相似和比例

形状相同但大小不同的几何物体穿插于图案之中，使图案看起来显得更加均衡。

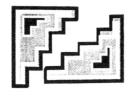 

在 11 世纪，日本家族的纹章徽饰成为一种习俗。许多传统徽饰采用了植物、动物、贵重物品、数学对象与概念。其中包含的数学概念有：对称、结、三角形、正方形、圆、立方体、立体、六边形等等。它们全都用特定方式描画，使得图案看起来醒目又富有生气。

按照穆斯林的教义，艺术家如果在他们的作品中描绘了有生命的东西，便是冒犯了阿拉的神圣。因此，他们用数学概念来扩展他们的艺术形式，使镶嵌、旋转、变形、变换等几何概念跟对称与全等一样，充满于艺术作品中。在更近的年代，埃舍尔进一步掌握了镶嵌理论，并应用这些概念改编出栩栩如生的形式。

超立方体和其他四维图像在建筑师布拉格登（Claude Bragdon）的作品中得到了升华。他所设计的罗切斯特①商会建筑就是一个范例。另外，他还将"幻直线"用于建筑装饰和图案绘制中。幻直线是由幻方所形成的，当幻方中的数按顺序连接起来，所得出的便是如同下页图的幻直线图案。

————————————————

① 美国纽约州西部的一个工业城市。——译注

应用模算术,可以产生一些非常醒目的图案设计,左下图便是其中的一种。

视幻觉和不可能的图形也被应用于许多绘画作品中。右下图是一个逗人喜爱的视幻觉图案。

迷宫、若尔当曲线和结出现在以下这些图案设计中:克诺索斯及克里特岛等地的古代硬币、纳瓦霍人①地毯上的迷宫,以及爱尔兰石雕上的螺旋迷宫。

克诺索斯出土的硬币图案

爱尔兰石雕

纳瓦霍人地毯上的迷宫图案

---

① 美国最大的印第安部落。——译注

黄金矩形、黄金分割比、等角螺线等数学概念出现在诸如五角星形和各种不同的编织物图案中。

回纹波形饰出现在陶器上,它提供了极好的全等、镜射和迷宫的例子。

近代,计算机和数学分形概念的应用产生出一些像树状分形、龙形曲线、雪花曲线等令人兴奋的图案。

许多艺术家依托于他们所了解的数学概念创造出一些特定的图案。这些艺术家包括:菲狄亚斯(Phidias)[1]、达·芬奇、丢勒、修拉(George Seurat)[2]、埃舍尔、蒙德里安(Pietter Mondrian)[3]等。数学中丰富的图案和对象,为设计和创造提供了丰富的"食粮"。绘画艺术家们用数学的概念武装自己,使自己的绘画在坚实的基础上大大增加了创造力。

---

① 公元前5世纪希腊雕刻家。——译注
② 19世纪法国画家。——译注
③ 20世纪荷兰画家。——译注

达·芬奇的笔记

达·芬奇是一位多才多艺、兴趣广泛的天才。他的作品、手稿和几卷笔记,显示了他作为一名画家、雕塑家、建筑师、数学家、科学家、工程师和哲学家的过人才华。达·芬奇习惯用左手写字作画。他的签名以及笔记本上

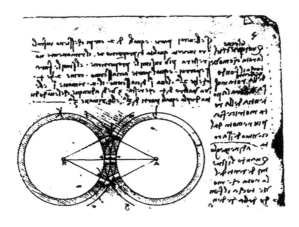

的大部分记载都是从右到左的,有点类似于镜像书写。当他进行创作时,他经常会缩短或遗漏一些词或短语,以使书写速度能赶上他的思维。偶尔需要写信或给其他人看时,他才从左向右书写,但这时他会显得有点笨拙,字迹也不甚流利。

达·芬奇逝世后,遗物中的手稿留给了他的学生和信徒米罗兹。米罗兹视其为珍宝,而且不辞劳苦地对它们进行编目。但米罗兹死后,许多未出版的达·芬奇笔记和作品因被盗卖而散失。

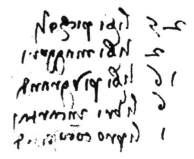

图中的数字显示了达·芬奇的镜像书写

数学与蜘蛛网

蜘蛛网是一种简单而优美的自然产物,那结满露珠的网在晨曦的照射下散发出迷人的美感。然而,当人们试图用数学去描述那美丽的结构时,所需要的公式之复杂令人惊叹。

不同种类的蜘蛛会织出许许多多不同的蜘蛛网图案,有片状的、三角形状的、漏斗状的或圆顶状的。让我们看一看圆蛛的网展示了哪些数学概念,人们很难猜到它联系着怎样的建筑工作。

在蜘蛛网中,人们首先注意到的数学对象大概是那些类似螺线的曲线。我们把从蜘蛛网中心放射出去的那几股蛛丝称为"半径"。类似螺线的曲线由连接两相邻半径的弦形成。位于两条相邻半径间的弦互相平行,沿半径的所有同位角也全都相等。假如蜘蛛网的半径有无穷多条,那么这些弦就会退化为点而不再是线段。这时替代锯齿般螺旋线的将是一条平滑的曲线,这种曲线就是对数螺线。

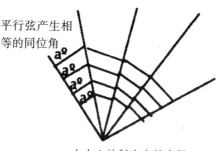

平行弦产生相等的同位角

由中心放射出去的半径

对数螺线的性质

● 在螺线与半径的交点处作切线,则切线与半径所形成的角全都相等。这就是对数螺线也称为等角螺线的原因。

● 螺线截半径所得的各线段长依次成等比数列。螺线本身按几何比率增大,对数螺线的名称由此而来。

● 当蜘蛛网将近织完时,它的尺寸会发生变化,但这时并不呈现出对数螺线的形状。

● 如果一条螺线形状的线,从它位于中心处的端点逐渐解开,同时始终使线保持绷紧的状态,那么线的端头在此过程中的轨迹也将形成一条对数螺线。

● 类似螺线形状的蜘蛛网,既经济又规则地填充了空间,它不仅强韧而且花费的材料最少。

蜘蛛怎样结网

蜘蛛首先为它的网搭建一个由三角形组成的框架,然后织出第一条螺旋线。这对于产生最大的强度和韧性极为必要,而且所用的蛛丝也减少到最低限度。第二条螺旋线是蜘蛛网作为陷阱的主要部分,是用很黏的丝从外部向中心兜转织成的。蜘蛛所织的两条螺旋线都是对数螺线[①]。

当清晨的雾气凝结在蜘蛛网上时,互相聚拢的水结成小小的水滴(特别是在较黏的丝上),蜘蛛网的弦由于水滴的负荷向下弯曲,使得每条弦都成为悬链线!

悬链线是由一条自由悬挂着的柔软的绳子或链条所形成的曲线。它的通用方程为

$$y = \frac{a}{2}\left(\mathrm{e}^{\frac{x}{a}} + \mathrm{e}^{-\frac{x}{a}}\right),$$

这里的 a 是 y 轴上的截距。

出现在悬链线方程中的 e 为

$$e = \lim_{n \to +\infty}\left(1 + \frac{1}{n}\right)^n$$
$$= 1 + \frac{1}{1!} + \frac{1}{2!} + \frac{1}{3!} + \frac{1}{4!} + \cdots$$
$$= 2.718\,2818\cdots,$$

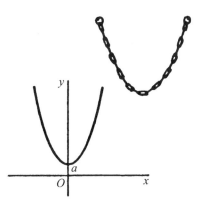

它是一个无理数和超越数,也算是一个被蜘蛛网"捕获"的"猎物"。还有许多其他数学概念,如半径、弦、平行线段、三角形、同位角、对数螺线、悬链线等,也和 e 一样都"落入"了蜘蛛所编织的陷阱。

---

① 蜘蛛开始织网时会利用不同的腺体来产生丝,一些腺体产生很黏的丝,而另一些腺体产生不黏的丝。框架、半径和第一条(临时性的)螺旋线用的是不黏的丝,这样蜘蛛不会让自己被粘住。蜘蛛记住了网的各种情况,当一个猎物被网粘住时,它便能根据猎物挣扎时拖曳蛛丝引起的振动,立即判断出猎物的大小和所在的位置,然后快速经由不黏的丝爬到猎物旁边,并最终捕获猎物。——原注

令人困惑的
连点成图谜题

下面是一个令人困惑的连点成图谜题。目标是依次连接图中的用不同数字系统书写的相继素数,得到一个隐藏图案,同时测试你对不同数字系统的认识。如果你需要温习一下前面学过的知识,那么可以告诉你,这些数字是用以下这些系统描述的:玛雅数字、罗马数字、中国书写体、中国算筹、巴比伦数字、古埃及象形数字、古埃及僧侣体数字、希腊数字、15世纪希伯来数字、印度–阿拉伯数字,以及二进制数字等。

(解答见附录)

附　　录

• **一些逗人喜爱的谜题**

书蛀虫问题

答案为10.5英寸。由题意可知,书蛀虫吃了第一卷的前封皮和第六卷后封皮,以及第二、三、四、五卷的全部。

堆竹竿

一种解答是: ;另一种解答由贝伊给出: 。

金银币谜题

一种解答是:6→3,1→6,5→1,2→5,3→2,移5次。

• **单人跳棋**

最少移动次数为15,你能做得更好吗?

• 八棋子谜题

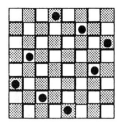

• 卡罗尔的窗户谜题

• 劳埃德的天平谜题

设 b = 一个瓶子重量, g = 一个玻璃杯重量, p = 一个水罐重量, s = 一个盘子重量。每次称量都可以用方程表示：

(1) $b + g = p$；(2) $b = g + s$；(3) $2p = 3s$。

我们想找出 $b = ?g$。将方程(3)变形为 $\frac{2}{3}p = s$，将 $\frac{2}{3}p$ 代入方程(2)得到：

(4) $b = g + \frac{2}{3}p$。

将方程(1)代入并化简，可得 $b = 5g$。因此，5个玻璃杯能与1个瓶子平衡。

• 构造矩形

能构造出20个矩形。

• 每一个三角形都等腰吗

并非每一个三角形都能画成题目图中△ABC的样子。在第3步有一个错误的假定,即假定对任意三角形,射线BD与垂直平分线EF交于三角形内部。事实并非如此,如右图中的情况。

• 测量问题

为了测量从1个单位到40个单位的整数长度,你可以用4种长度的直尺,分别为:1,3,9和27。

• 罗密欧与朱丽叶谜题

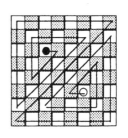

罗密欧遇到朱丽叶最少要走15段路,包括开始走的第一小段。其路线如右图。

• 构造三角形谜题

• 叠放正方形问题

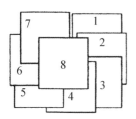

·形状与色调谜题

·船坞问题

不可能做到,因为它的网络中(如右图所示)有4个奇顶点。

·水壶问题

首先从8升壶倒满5升壶,又从5升壶倒满3升壶。然后将3升壶里的酒倒回8升壶,再将5升壶中剩下的酒倒入3升壶。现在8升壶里有6升酒,3升壶里有2升酒,而5升壶空着。接着从8升壶倒满5升壶,从5升壶倒满3升壶。现在5升壶中有4升酒。再将3升壶中的酒倒回8升壶,8升壶中也有了4升酒。

·环绕地球

假如地球赤道周长为25 000英里,这相当于132 000 000英尺。加上1码,则绳长为132 000 003英尺。应用圆周长公式$c = 2\pi r$,得出地球半径$r = 21 008 452.49$英尺。而环绕地球的绳圈半径约21 008 452.97英尺,它们相差0.48英尺,相当于5.76英寸。

·智力练习题

剖分问题

见下页图。

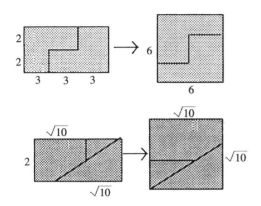

火柴问题

见右图。

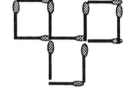

立方体问题

∠ABC = 60度。提示:在图中连 AC,可知 △ABC 为等边三角形,因为它的三

条边都是立方体的面对角线。

·劳埃德的丢失的数字谜题

$$
\begin{array}{r}
8\,5\,3 \\
749\,)\overline{6\,3\,8\,8\,9\,7} \\
\underline{5\,9\,9\,2} \\
3\,9\,6\,9 \\
\underline{3\,7\,4\,5} \\
2\,2\,4\,7 \\
\underline{2\,2\,4\,7} \\
0
\end{array}
$$

·7,11,13的奇异特性

对六位数 $\overline{abcabc}$,我们有

$100\,000a + 10\,000b + 1000c + 100a + 10b + c$

=100 100a + 10 010b +1001c。

由于$7 \times 11 \times 13 = 1001$,它是100 100,10 010及1001的因子,因而它总能除尽$\overline{abcabc}$。任何7,11,13的积的组合,如77,91,143,1001等,也都是$\overline{abcabc}$的因子。

· 拴羊绳谜题

如右图所示,由6个全等的题目中的等边三角形构成的六边形,其面积为12π英亩。羊吃掉草的部分面积为π英亩,即一个等边三角形所围面积的一半。于是,图中圆的面积为六边形面积的一半,即6π英亩或261 360π平方英尺。圆的半径即拴羊的绳子长,于是261 360π = πr^2,解得$r \approx 511$英尺。

· 哪一枚硬币是假的

最少的称量次数为3。分硬币为3组,每组9枚。第一次称量其中2组,可以确定假币在哪一组。然后将这组硬币又分为3部分,每部分3枚。第二次称量其中2部分,可以确定假币在哪3枚中。最后再由第三次称量确定哪枚硬币是假的。

· 曲线总跟π有联系吗

水壶阴影的面积为1。

在右图所示正方形中有4个四分之一圆,它们组成一个整圆。水壶形状由一个圆及正方形中不被4个四分之一圆覆盖的部分组成,因此它的面积 = 正方形面积 – 4个四分之一圆的面积 + 一个圆面积 = 正方形面积 = 1。

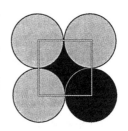

• 智力谜题

码头和跳板问题

放置方式如右图。

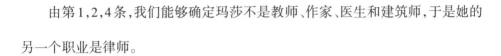

逻辑小测验

第5条告诉我们玛莎是艺术家。

由第1,2,4条,我们能够确定玛莎不是教师、作家、医生和建筑师,于是她的另一个职业是律师。

第6条告诉我们比尔不是作家,于是他的职业只能是教师、建筑师或医生。从第3条推出,医生和教师是不同的两个人,这意味着比尔必须是建筑师。又比尔不能是医生,否则教师同时又是作家,这不符合第1条。于是,比尔的另一个职业必为教师,而特里则是医生和作家。综上可知:

玛莎——艺术家和律师,

比尔——建筑师和教师,

特里——医生和作家。

• 令人困惑的连点成图谜题

连出了一个五角星! 图中各个数字如下:

1 =	1	印度-阿拉伯数字	5 =	E	希腊数字
2 =	Ⅱ	罗马数字	6 =	ˋ	希伯来数字
3 =	Ξ	中国书写体	7 =	ˀ	古埃及僧侣体数字
4 =	▼▼▼▼	巴比伦数字	8 =	𐎽	古埃及象形数字

9 =   IX   罗马数字

10 =   〈   巴比伦数字

11 =   〈𝟙   巴比伦数字

12 =   ∧ᵤ   古埃及僧侣体数字

13 =   ∩ⅲ   古埃及象形数字

14 =   𝟙𝟜   印度-阿拉伯数字

15 =   一ⅲ   中国算筹

16 =   10000   二进制数字

17 =   一𝕋   中国算筹

18 =   חי   希伯来数字

19 =   ☰   玛雅数字

20 =   Κ   希腊数字

21 =   廿一   中国书写体

22 =   ∴∵   玛雅数字

23 =   𝟙ᵤ   古埃及僧侣体数字

24 =   =ⅲⅰ   中国算筹

25 =   ∩∩ⅲⅰ   古埃及象形数字

26 =   《𝟙𝟙𝟙   巴比伦数字

27 =   XXVII   罗马数字

28 =   ΚΗ   希腊数字

29 =   廿九   中国书写体

30 =   30   印度-阿拉伯数字

31 =   11111   二进制数字